献给劳伦·祖斯曼（Lauren Zussman）

我会将你的话继续传递

感谢你在这个世界上绽放光芒

EVERIGHT BOOK 永正图书 ENJOY LIFE ENJOY READING

全美国
最受欢迎的
行动力课

有行动力的人，才配拥有未来

SMILE

不纠结过去，不忧心未来

全美国最受欢迎的行动力课

[美]加布里埃尔·伯恩斯坦 著 冯倩珠 译

北京日报报业集团
同心出版社

明明是活在现在，
为何却念念不忘过去，
又忧心忡忡着未来？

如果你不知道如何开始行动（~ing），那就从冥想开始吧。冥想是瑜伽的一种修行方法，能让人集中注意力，放空内心的焦灼、不安，有助于将你从对过去的纠结、对未来的担忧中解放出来，从而专注于眼前的事物。冥想时尽量避免穿松紧裤或者系皮带，**“这些东西会阻碍你身体能量的流动，就像心结会阻碍你现在的幸福一样。”**加布里埃尔说。

加布里埃尔·伯恩斯坦传授快乐行动力课：“从前，我总是沉迷‘等我有了……’，可是‘当我有了’之后，我却依然感到很空虚。后来我接触到了行动力课，开始变得积极起来，你瞧我现在的样子，像不像进行时女孩（~ing girl）？要想保持生命的活力，你必须~ing起来。没有什么是真实的，除了你现在正在进行（doing）的状态。”

Happiness

做客奥普拉脱口秀后，合影。

学习过本书课程的学员的评价

Testimonials from students who've taken the course

乔尔·瑞德丹思

每一次伟大的旅程都是从一连串的小步骤开始的。这本书提供了一系列功能强大并且易于消化的步骤，给我的个人生活带来了大量积极的变化；同时，作为一个在同性恋社区工作的个人发展培训师，这本书也给我的职业生涯带来了变化。

坎迪斯·肖尔兹

加布里埃尔是目前这类课程里面最好的老师之一。 她能将所有的压力都归结在一起，包括这些压力出现的生活领域；然后将这些问题和混乱全部‘融化’掉，让它们变得易于控制。

杰娜·狄更斯

这套课程太惊人了，从整个过程中我学到了很多。我对这本书有很深入的理解，也对课程背后的原则有深刻的见解。这就是我学习后得到的。

莉蒂亚·菲奥雷

感谢神带我认识了加布里埃尔！这种现代且实用的方法教会我：幸福是一种选择，返璞归真，用爱的角度看待事情才会有奇迹出现。加布里埃尔的真实和光芒鼓舞了我们所有人。继续和我们分享你美丽的语言吧，我的灵魂姐妹。

加布里埃尔·伯恩斯坦和她的学员们。

媒体评论 Media Recognition

comments

我每个月去一次伯恩斯坦的讲座，并且在这里第一次不加掩饰地称一个女人为“我的心灵大师”。

—— ELLE杂志

comments

十年前，人们以为像伯恩斯坦这样的年轻女性应该追逐充满高跟鞋和粉红色饮料的生活方式……但现在，我们有一个新的纽约前凯莉·布雷萧形象……精通自助，有新时代精神……伯恩斯坦女士是一位杰出的人。

—— 纽约时报

comments

忘掉以前你自以为明白的“自助”吧！人生导师加布里埃尔·伯恩斯坦已经让整个美国为之欢呼——现在她来到英国，让你发现一个快乐的、新的你自己！

——《魅力》杂志

comments

一个新的榜样。

—— 纽约时报周末版

Customer Reviews 读者评论

comments

加布里埃尔是我最珍爱的灵魂姐妹之一。她是一个真正的“灵魂迷”，她的方法也是最有趣的、最令人愉悦的。阅读后，我了解了如何爱自己，如何真诚地爱他人。对这个美丽的女神打开你的心，最重要的是，你将发现那个住在你心里面的自己。

——艾丽莎·杜什库

comments

这本书真的既振奋人心又令人称奇。它能给你一个真正的方法来靠近情感，并能帮你以简单的方式去解决一些困难。加布里埃尔的书帮我找到了幸福，那并不是说出来的“我很幸福”，而是周围的世界并不需要巨大的改变也能让我真切地感受到幸福。我变成了我梦想中要做的那个人！谢谢你！

——珍妮弗·施瓦茨

comments

这本书当我想寻找一些与众不同的东西时吸引了我的眼球……正如加布里埃尔所说，“需要它时再读它”。我需要它！短短的时间内，我读了它并做了它介绍的练习，从此我经历了我灵魂中最惊人的升华。她的话真的很有道理。她提供了很多指导和想法，从而激活了我大脑思考和学习的新方法。

——Jaime Rydman

comments

这本加布里埃尔与全世界共享的著作改变了我的生活。让我创造了一个充满幸福与惊奇的我所热爱的生活。在这6个月的创造过程中的每一天，我赋予了发现自己内心幸福感的能力。加布里埃尔是我们这一代的声音，一个近年来年轻女性必须倾听的声音。参与到其中来，我保证这一定会让你的生活更美好！

——McKenzie Bolt

Contents

Contents

只要去做，永远都不会太晚。

（Rething+Moving+Receiving）×30days=Changing

动起来，快乐起来，不忧不惧

ing

你好，我的新朋友。谢谢你喜欢这本书的封面，把它拿了起来，这让我很兴奋。我猜你现在一定在想，“这个姑娘到底是谁？是什么让她的脸上展露出如此灿烂的笑容？”好吧，如果答案不那么明显的话，让我告诉你，那个姑娘就是我——加布里埃尔·伯恩斯坦，展露笑容的原因是，我很快乐。我纯粹，完整，为了生命而生活！我选择用爱感知世界。我的生活就像是一个快乐的梦境，我每天都迫不及待地醒来。

我并不是一直都对生活如此的热情。其实，直到5年前我都还困在黑暗里，还以为人生只有靠大声叫喊才能有条出路。那一年我25岁，在曼哈顿经营着一家自己的公关公司，是个典型的纽约中产阶级青年。外表看起来，我有一切幸福所需的虚饰：一个好家庭、一份好工作、一群好朋友。然而在内心，我却并不感到快乐。我专注于确认外在世界对我的看法：你做什么工作谋生？你和谁约会？你能进入什么样的俱乐部？对那时候的我而言，这些就是重要的事。

我当时的生活充斥着不安全感、烈酒和赛百味的三明治。我对快乐的理解是：一颗药丸、一个男友，或者，在生活必须系缚的那条以“成就”为名的皮带上再多打一个孔。我的箴言是：“越是奋勇向前，越是大声叫喊，就能得到的越多。”我沉迷于“等我有了……”的想法：等我有了新男友、等我有了更多钱、等我签下了那个客户……然后我就会快乐了。当“等我有了”变成“我有了”之后，我却依然觉得不满足，于是我借助毒品和酒精来填补内心的空虚。我浪费了整整一年的时间来追求这些转瞬即逝的兴奋感，最终只落得染上严重毒瘾的下场。

我记得自己跌至谷底的确切日期。那是2005年10月2日。那天醒来，宿醉和毒品让我神志恍惚，同时我又为前一晚做的事心感羞愧。我听见公寓外面人声鼎沸，街上的垃圾车铛铛作响，大家正赶去上班或健身。而我却没有一个要去的地方。就在那时候，在一阵阵的头痛侵袭之下，我听见自己的直觉在说："不要再从外界寻找快乐了。洗心革面，你会在内心深处找到它的。"那一天，我选择了清醒的生活，决定向内在探索我快乐的源头。

就是从那时起，我刹住了快节奏的纽约生活方式，发展出新的、健康的嗜好。然后我研究玄学上了瘾。正如那句佛教谚语所预示的那样，"当学生准备好了，导师就会出现"，我的导师以一群幸福专家的形态出现了——玛丽安·威廉森、韦恩·戴尔博士、露易丝·海、沙克蒂·高文。我遵循他们的指引，采纳了他们的建议，改变了自己的想法。很快，一切都变得好多了。

不久之后，另一位老师来到了我的生命中，她就是畅销书作者兼电台主持凯伦·莎尔曼森。我是在凯伦的一次演讲中认识她的，我们当下就觉得彼此之间有默契。我知道她在天狼星卫星广播主持一档名为《一定要快乐》的电台节目。我想要向她讨教讨教，于是那个积极主动、勇于尝试的我就把想法对她说了出来，表示愿意为她效劳。结果让我非常高兴，她接受了我自告奋勇的请求。不出几周的时间，凯伦就把我揽进了她的"天使翅膀"之下，这位羽翼颇丰的向导开始为我带路。她把我介绍给了一些很了不起的人物，甚至还邀我上她的节目做嘉宾。当时她有一个正在筹备当中的新栏目，叫“为生活增添‘进行时’（Add More ~ing to Your Life）”，她觉得这个栏目会很适合由我来做。在她的概念中，“你经历得越多，就会越快乐”，要保持活跃的态度——去跳舞，去航海，去滑雪，去经历——生活就会得到更多乐趣。这是她新节目的第一个栏目，我在节目上谈到自己最近一次在夏威夷冲浪的经历。凯伦和我即兴聊了30分钟，聊的话题围绕我在冲浪中获得的快乐、入禅的时刻，以及生存技能等。那期节目相当受欢迎。不久之后，凯伦在节目里将我正式命名为“进行时女孩（~ing girl）”，要我每周来谈一谈不一样的“进行时（~ing）”活动。

作为“进行时女孩”，我得保持“活动进行时”。我的活动有的快速，有的慢速，上天、入地、下水。有些活动需要依靠上身的力量，有些需要注重身体的平衡，有些则需要我发挥内在的魅力。刚开始做“进行时”探索的时候，我最喜欢的活动之一就是跳蹦床。我会在蹦床上面跳几个小时，直至情绪宣泄完毕，到达放松的那一刻为止。充满“进行时”的生活给了我快乐，不久之后它引导我从以前童年的许多活动中找到了乐趣。我又开始骑独轮车，开始溜冰，开始冲浪。尽管每一项“进行时导向”的活动所需要的思维和着重点都不同，而它们的共同点在于，每一天完成之后，它们都让我思绪飘离，到达无比快乐的状态。

我发现每当处于这种状态之中，我就会变得与四周的环境完全脱离。只能用“飘浮”来描述此时身处之境。飘浮的时刻里，我感觉时间暂停了，自己正全神贯注在每一项活动中。那时候我能体会到鲍勃·马利[1]所说的，“一切都会没事儿的”。为了探索我的“进行时”的深度，我开始在每次活动之后进行冥想。冥想的时间是用来思考我在“进行时”活动里学到了什么，或者释放了什么。在这样的时间里，我能够放下旧的不安全感、恐惧感和悲伤之感。

我很快开始意识到，“进行时”活动正引导我改变维持了多年的生活模式。实际上，“进行时”使我不再挡住自己的出路。每一种“进行时”活动都成了一个美好的机会，来解决我生活中的某个陈旧的问题。就拿骑独轮车做例吧。我第一次学

1 鲍勃·马利（Bob Marley）（1945–1981），牙买加音乐家、社会运动者。

骑独轮车，是在中学里参加一个马戏表演艺术项目。骑独轮车和骑自行车一样，即便多年不骑，你一跳上去，还是可以重拾肌肉的记忆。在“进行时”上的探索驱使我在阔别这项运动17年之后，又去买了一辆独轮车，我真的是骑着它出了商店。然而尽管有中学时的训练以及肌肉的记忆，我还是需要高度集中注意力。为了不从摇摇晃晃的独轮车上摔下去，我必须全神贯注，保持平衡。我在脑中默念：“我很冷静，我很平衡。”重复越多遍，我就越相信这句话，也就越觉得它是真的。

我每天持续练习独轮车，同时集中精神想着冷静与平衡，我开始注意到自己在生活的其他地方也越发感觉平衡起来。当工作忙得让我喘不过气来，没有时间留给自己时，我就会想象自己在独轮车上的画面，心里重复“独轮车进行时”口诀：“我很冷静，我很平衡。”将这条口诀和肢体活动结合起来，我远离了许多不必要的灾难。增添“进行时”到生活里以后，我找到了把自己从强迫性的负面想法中解脱出来的途径！

基本上我在做的，就是练习新的思考模式，如同练习任何技能一样。那些积极的口诀就像是精神的俯卧撑。因为我把口诀附着于肢体活动，我就能够同时在身体和精神上抓住当下的感觉。我在必要的时候采用这种方法，获取身体里的感觉以及内心的话语。它们两者彼此加固对方。随着时间的推移，我开始看到结果——生活起了积极的变化，而最好的地方是，在发生那些变化的同时，我还得到了巨大的乐趣！

肢体活动、积极的肯定想法、创造性的想象、冥想，做这些事的结果是，我开始感觉到灵感的出现。我得到灵感来进行写作，想出新的商业想法，学习新的肢体活动。就是在那段时间，我渐渐意识到，除了通过活动找到快乐，"进行时"的意义远比这来得更多——它是一种让我清理头脑、敞开自己接受内心指引的方法。内心指引就是我的"进行时"！而且我喜欢这种方法。它转变成为我每天修复精神和身体的"进行时"修行。

通过每天的修行，我的生活现在已经和2005年10月的那一天截然不同了。是我对"进行时"的投入带领我走到了今天。借由肢体活动、积极的肯定想法、创造性的想象和冥想，我又被带回快乐的心境中。我长出了天使的翅膀，"进行时"变作翅膀背后的风，持续推动着我。今天我成了一个励志演讲者、生活教练和写作者。我是"水杯半满"类型的人。我是独轮车手、指导者、创业者、热爱生活的人、一代人的发声者。我决意投入“进行时”的进程，重写我生命的剧本。

我此生的使命，是致力于指引我这一代人，转变他们寻找快乐的方向——从外在转向内在。我想要帮助你，让你也不再挡住自己的出路。我要怎么做呢？我将做一条通往宇宙的渠道，传送、解译重要的信息。我将做一只传声筒，分享前沿而有力的言语。来吧，X世代和Y世代，是时候增添“进行时”了！

请期待奇迹！

——“进行时女孩”加布里埃尔

行动力使用指南ing

既然你已经下定决心来探索一下增添“进行时（~ing）”的修行，你可能会想知道该如何安排。那么，你来对地方了！这本书的目的，就是帮助你在生活较为灰暗的地方绽放光芒，创造出积极的改变。在我生活教练的职业生涯里，曾帮助过数以百计的人（有个人也有集体），这让我具备了必要的能力来设计我的修行方法。我将指引你完成整个“进行时”修行过程。在好几个月的“进行时女孩”的训练中，我努力完善了这一过程，并给这个过程起了个名字——“进行时等式（~ing Equation）”：

(反思ing+行动ing+接收ing)×30天=**改变**

进行时等式是以30天为周期的新鲜循环体验，它包含了肢体活动、有意识的积极肯定以及创造性的想象。进行时等式会铲除负面思考模式，创造积极的变化，让你得以前进，活出精彩的人生。进行时等式的好处在于，它适用于生活的方方面面，能够促成积极的改变。本书12章内容涵盖了影响我们这一代人的一些具体问题，诸如，情感难以自拔，身处复杂的感情关系中，对失败或成功心怀恐惧，对某事成瘾等。如果放到现实中解释，就是假设你讨厌自己的工作，可又没有信心再找一份工作，或者，你处在一段出现问题的感情之中，想要解决，又害怕一个人冒险破坏了这段关系。这两种困境都可以运用进行时等式，它最后会清理掉你头脑中所有负面的障碍，使它们不再阻挡你寻找理想的工作，或解决感情的问题。

进行时等式的各个步骤可以互换顺序使用。本书按下文的顺序列出等式，根据某一特定章节课程需要，有时会稍作调整。为得到全面的转变，需要进行30天的重复修行。实际上，神经生物学研究表明，用30天重复新的行为，会通过逆转神经传导路径的方式来为你的大脑重新编程。正是这种逆转，将改变你的模式与行为，从而改变你的生活。在生活的各方面运用进行时等式的目的，是清理你体内所有接收噪声的渠道，使你可以接受内心的指引。

进行时等式分步说明：

步骤一：反思ing

反思进行时的练习过程就是重新讲故事。你生活中的那些没有痊愈的地方，就成了小我供坏情绪游戏的游乐场，小我会用糟糕的方式为恐惧之情发声。为了改变你的负面思考模式，你要用充满爱的想法来替换负面的想法。这些爱的想法就称为“肯定想法”。反思的过程旨在让你把每一种负面的思考都转换成正面的，用多种手段帮助你改变想法。每一个有意识改变想法的决定，都让你朝着调整大脑的思维模式以及改变生活方式迈进了一步。光是这一个步骤就会帮助你在生活中完成重大的改变。

步骤二：反思ing+行动ing

在进行时等式的第二个步骤中，你要加上行动进行时。在肢体活动的基础上附加肯定想法，将转变你的身体对头脑的回应方式。来自过往的那些小我的负面故事，隐藏在深于你的思维的地方，居住在你的头脑与身体中。因此，我在每一章里用不同的肢体活动来搭配生活中的某一特定领域，让你可以同时在头脑和身体两方面改变那些负面的思考模式。比如说，如果你需要放开以前的某个可怕的信念，你就要用跳舞的方式来甩掉它。如果你的生活失去了平衡，建议你采用跳蹦床的方法。不过，肢体活动多种多样，都可适用于不同的问题，进行时等式不仅仅局限于我的建议。如果你喜欢某个特定的活动，对此有兴趣一试，当然也可以用它来做“进行时”活动。关键是要找到能引导你释放情绪、赋予你改变能力的活动。

进行时等式需要你结合反思进行时与行动进行时，持续至少20分钟的时间。这么做会带你进入“进行时地带”。在那里，你头脑和身体中的能量会一起飘浮起来。那是一种处于内啡肽改变状态的感觉，很像长跑之后体验到的感觉。在进行时地带里，你的头脑是自由的，你的身体是放松的，你处于一种能够获取直觉的状态。这时候，正可以聆听你内心的指引，聆听你真实的声音。

步骤三：接收ing（冥想ing+写作ing）

等你能够进入进行时地带之后，我将引导你来到进行时等式的最后一个步骤：接收进行时。这个步骤结合了“冥想进行时”和“意识流写作（进行时写作）”。这两种活动都会提供机会，让你在进行时地带接收的东西得到最大限度的清晰化。你的头脑清晰了，你就可以做到真实的思考，得到启发灵感的想法，将直觉付诸实践。

接收进行时开始于冥想进行时。一提冥想，如果你想到的是一个卧在枕头上大腹便便的佛像的话，丢掉这个念头，迎接新的想象吧。在“进行时女孩”的世界里，没什么比冥想更棒的事了。把你对冥想可能持有的成见统统抛开，跟紧我的脚步，准备体验新事物。如果你是第一次接触冥想，不用担心！我已经让它变得非常简单了。你要做的只是从addmoreing.com下载由我设计的冥想方法，然后请允许我来指引你。在这个过程中，你也可以放些自己喜欢的优美的乐曲作为背景音乐——最好是没有歌词的。我们将会在你大脑的潜意识里穿行。冥想进行时这一步骤的意义在于让你摒弃左脑的实用性思维，迎来右脑的直觉和创造力。

这种转换又有何意义呢？如果让直觉思维的右脑说话，它会这么说，“你不喜欢你的工作，是时候追求你热爱的东西了”，或者“你已经准备好了，要抛弃这样那样的旧模式”。冥想就是个很好的途径，它可以让你的右脑说话，并且让你听到。在步骤一、二、三中身体及精神发挥了作用，原先挡道的那些声音被消灭，让你得以听见内心的指引。步骤三中的冥想至关重要，因为它能提供机会让你放慢速度，慢慢接收来自内在的指引。

冥想之后，我将直接将你引向“意识流写作”练习，我把它称为“进行时写作”。每一次进行时写作都提供了机会，让你无意识的想法溢于纸端。为了帮助你提笔开始写作，我将提供一个话题给你。你的任务很简单，只要围绕这个话题自由地写就行了。让你的笔在纸上流动，让你的头脑释放思想。进行时写作相当重要，因为它会增强你的接收进行时。从笔尖流淌到纸上的内容会让你大吃一惊的！

重复ing

进行时等式的关键要素就是重复进行时。用30天重复这个等式，才能让你真正体验到结果。

真的，我每天都身心投入地重复进行时等式，而结果就是我得到了现在的精彩生活。证明进行时等式有效的方法就是亲身体验。它确实有效，它给了我做梦都想象不到的生活，对你也是如此，无论你目前的生活碰到了什么困难都没有关系。

运用ing

我确信，大多数人从每个等式中都会找到一部分共鸣之处。因此，我建议你完整地完成每一章的进行时等式。此外，无论你处在生活的什么阶段，我强烈建议你按章节排列顺序试验每个等式。原因是，每一章的“进行时”都有不同侧重，是分别为生活中的某一特定领域增添“进行时”。章节顺序代表了我眼中的最佳路径，每一章都在这条路上灌筑起一块独特的里程碑，以助你迎接下一个章节、下一块里程碑。

当你将进行时等式运用到生活的各个领域，引起畏惧的思维模式以及限制性的信念都会平息消退。如果你的情感难以自拔，或者无法控制自己的生活，这本书会帮助你抽离混乱，学会释放，顺其自然。“进行时”可以移除你头脑中的障碍，使你的生活变得更好。如果你的障碍是缺少自信，增添一些“进行时”，将让你获得自信；如果你的障碍是对你母亲的怨恨，增添一些“进行时”，将让你懂得原谅为何物；如果你的障碍是生活中缺乏平衡，增添一些“进行时”，将让你掌握你所渴求的平衡。这样的例子不胜枚举。不过“进行时”并不仅仅是用来解决问题的，它也为了让你确定自己正过着十分充实的生活而存在。无论你现在身处生活的什么阶段，总还有可以改善的空间。

我之所以可以写下这本书来证实进行时等式的有效性，是因为我正过着充实的生活。假如我并不是真心喜欢自己的生活，又怎么敢告诉你如何变快乐呢？这么说吧，今天我过着自己从未想到过的生活。在95%的时间里，我是快乐的，我的思想是平静的，我的内心是安逸的。我对自己充满了信心，对未来满怀兴奋。以前，要是有什么事不顺遂，我就会感到惊慌失措。而现在，要是事情不按我的计划发展，我知道一定有更好的事在前方等我，要不就是这件事的发生是为了让我得到某个教训。另外5%的时间里，我在与“小我”短暂交锋。多亏了进行时修行，我现在懂得了如何约束小我。每当它试图要讲某件令我不快的陈年往事，我就会对它说，“感谢你的分享”，然后用“进行时”击退它。对于这些短暂交锋，我真的心怀感激，因为它们促使我持续投身于“进行时”的进程。我完全明白，今天我的生活如此协调，是因为我清除了过往的观念，通过“进行时”让大脑重新做了调整。

我的实例就可以证明这个等式的力量，因此我在全书中分享了许多我个人的故事。除此之外，我指导过许多女性，她们的故事也会穿插其中。每一个小故事都反映了对于我们这一代人所普遍面临的一些问题，并说明进行时等式是如何积极地对其做出改变的。我相信书里不少故事都会给你启发，也希望它们能作为有力的例证，让你看到为生活增添“进行时”的益处所在。

踩上滑板，插上翅膀，在生活里漫游，这种渴望并非诞生于一夜之间。它需要对快乐的投入——还需要很多努力。但是不要让这些把你吓退。但凡生命中值得追求之事，没有什么是不需努力便可得到的。

为生活增添“进行时”的途径

我已经给出了进行时等式的梗概，接着要告诉你，当你翻开这本书，开始阅读的旅程时，在等待着你的是什么内容。本书每一章都分别侧重一个不同的问题，提供分步指导，告诉你在这个问题中应怎样运用进行时等式，来实现改变的目的。每一章的等式都在上述等式的基础上略作调整，以期在该章所讨论的生活领域里得到最佳运用效果。这是进行时等式的妙处所在，它本身可以变形，这样无论把它抛到生活的哪一领域，它都能应对自如。一旦你掌握了个中诀窍，你就可以把这个等式随时运用于任何问题。每一章里的进行时等式都代表了一块里程碑。每一块里程碑都让你更好地确定方向，一路朝着目的地前行，这就是为生活增添“进行时”。每一章的内容都建立于前一章的基础之上，帮你筑起一层坚实的基石，最终到达平静的状态。在本书前半部分，即第一章至第六章里，我将帮助你处理你多年来所持有的一切隐藏的情绪和负面的习惯。书的后半部分，即第七章至第十二章，将开阔你的眼界，让你对于如何从生命中获得更多而有全新的理解。你将了解到个人的能量有无穷的发展空间，了解到思想和情感的力量。当你走过了这些重要的里程碑之后，我将会教你如何运用显化这种能量，如何和宇宙一起共同创造现实。把每个进行时等式看做一次有趣的体验，它们会带领你逐步走近充满幸福的灿烂生命。

奇迹的灵感

在我们踏上运用等式增添“进行时”的旅程之前，我想先来介绍一下激发这段旅程的主要灵感之一——一本名为《奇迹课程》[1]的书。《课程》是一本供读者自学的玄学向导书，读者可以根据个人的学习能力，选择最适合的学习方法。《课程》教导读者说，“未受训的头脑将一事无成。”《课程》一书的主要目的是指引学生放开小我[2]，将所有的想法与爱结合起来。我学习了《课程》之后，头脑得到了全面的净化，收获了相当精彩的生活。当我把自己易引发恐惧的思维方式重新调整以后，一切都开始改变了。最重大的变化，是我的感受由恐惧转变成爱。此外，我开始将所有的灾祸视作学习教训的机会，而不再把它们当成悲剧。总之，遵循《课程》的建议，我原谅了过去，解放了未来，心怀爱和信仰地活在当下。

1《奇迹课程》，*A Course in Miracle*，以下简称《课程》。

2《奇迹课程》中的观点认为，小我“实际上是一种恐惧的想法”。

年复一年，我一再重读《课程》，随着我的成长，书中的言语也与我一同成熟起来。其实，我创造进行时等式的目标之一，就是以一种全新的方式运用《课程》中的原理。要是你喜欢，就照着本书的方法修行——要是你不喜欢，仅取所需即可。这是你的旅程。使用你用起来最顺手的工具，把书中的方法变成你自己的。

进行时术语

最后提供给你的工具能伴你顺利度过这本书的旅程，那就是下列的重要术语。我会在全书中通篇使用它们。这些术语可能对你来说很陌生，我将列出最常使用的几个，分别附上简单的定义，并解释它们与“进行时”的联系。

进行时（~ing）：意为“内心的指引”。“进行时”是你内在的声音，它喊出直觉的爱的想法，它对恐惧说“滚开”。在全书中，“进行时”和“内心的指引”会交替使用。“进行时”可以用作一个名词，例如在此句中，“今天我要为生活增添‘进行时’”；也可用作动词，例如，“姐妹，‘进行时’起来！”。再多作一些介绍：我身体里的“新时代”嬉皮把“进行时”与内心之光（inner light）、内心声音（inner voice）、大我（Higher Self）、源头（the source）联系起来，有时候还与上帝相关。（我知道“上帝”这个词可能会吓到你，但请试着接受。）有许多不同的说法可以表示“内心的指引”。在朱莉娅·卡梅隆的《艺术之道》一书中，她就精彩地将“上帝（GOD）”化作一个首字母缩写词，表示“良好有序的指示（Good Orderly Direction）”。我的朋友塞拉·毕克——绰号“心灵牛仔女孩”，《红色之书》的作者——她认为“进行时”是“任何体验神性的方式——能量、自然、生命、爱、你、神、佛性、颤动的喜悦[1]”。我的好友，作家、演说家克莉丝·卡尔，她认为“进行时”是“上帝、耶稣、佛、猫王等等”。你的“进行时”想法会这样讲话：“睡一会儿去”，“别拼命打电话给他，都凌晨两点了”，“别吃了”，“放下那杯酒，回家”，“别上社交网站了——你爱自己胜过爱那网站”。

1 颤动的喜悦（the Wiggling Wow），塞拉·毕克在《红色之书》中为神性体验所自取的名字。

小我（ego）：《奇迹课程》说小我“实际上是一种恐惧的想法”。这恐惧的思想告诉你：“你不够好”，“生活很艰难”，“经济不景气，你找不到工作的”，“你太胖了”，“你不懂怎么谈恋爱，你会永远单身下去”。小我耽溺在过往的痛苦中，让痛苦在当前重现，并投射到未来。小我是一个讨人厌的朋友，你已经花了过多的时间来听它讲话了。投身“进行时”的行为会降低小我说话的音量。

吸引力法则（the Law of Attraction）：你有没有过这样的经历，心里正想着某个朋友，几秒钟之后那个朋友就打电话来了？或者你非常想要了解某一个信息，当天你就被带到一本书的面前，书中就解释了你正在寻找的信息？这些都是很普通的例子，它们证明了吸引的力量，这是吸引力法则的作用。简单地说，同类相吸。如果你一直想着“我要丢工作了”，你就会丢了工作。积极的想法也是同样道理。“进行时”进程会把你的想法带回积极的正轨，从而整顿你吸引的力量。

宇宙能量（universal energy）：宇宙能量存在于我们所有人的体内。负面的思考、情绪、信念，都会阻碍你接收它的馈赠。如果你想拥有精彩的生活，真心愿意接受新想法，我可以教你如何获取身体里的这股能量。等你有了足够的“进行时”来接收这股能量时，每当你召唤它，你就会感到一阵爱的急流涌遍身体与头脑。

显化（manifestation）：内在意念的外化结果；通过高度集中的思维及准确的视像，将你的愿望转化为形式的过程。

现在你已经了解了进行时术语，我们要启程了。蹬上跑鞋，带上笔、笔记本和iPod，准备好迎接你的第一项“进行时”体验！

C H A P

这门课程的目的并不是教授爱的意义，因为这是无法教授的。它的目的是，排除障碍，使你感受到爱的存在，那本是你的自然禀赋。

——《奇迹课程》引言

E R

感觉 ING：放空自己

ONE

艾丽森9岁的时候，有一天下午放学回家，发现父亲已经走了，带走了家里的大部分财物。艾丽森的母亲伤心欲绝，在之后的两个月里，母亲一直把自己关在房间里哭泣。发生的这一切让艾丽森不知所措，她将情绪内化，以此来逃避现实。尽管她想努力抹去父母离异带来的创伤，但这件事毕竟还是对她造成了直接的影响：从前总是非常自信开朗的艾丽森，逐渐变得内向、缺乏信心。

很快15年过去了。艾丽森来到我这里寻求帮助，她向我吐露了父母离异的来龙去脉。我惊异于她叙述时的漠然。除了谈到关于创伤的一些细节之外，她似乎真的无动于衷。就好像她对我述说的，那些对她来说就如同前一天看到的某部电影的情节一样。后来她告诉我她目前的生活状况。在生活的方方面面，她都怀疑自己不够好，尤其是在感情方面。“男人都烂透了，每次都不会有好结果的”，她埋怨道。她几乎不相信任何人，也从不让别人与自己走得太近。在她强硬的口吻之下，我看到的是一个无辜的9岁女孩在乞求从深埋内心的痛苦中获得释放。我问她是否好好处理过因父母离异而产生的不良情绪，她回答：“喔，当然，这么多年我一直都在克服这些情绪。”“克服”是个很关键的词。从我们的谈话中我推断出，她这么多年来都是一边克服着消极的情绪，一边吃饭、思考、购物。令人难过的是，艾丽森一直在埋藏因父母离异而产生的情绪，从未给自己从中脱离得到痊愈的机会。

和艾丽森一样，我们都曾经历过一些事，然后深埋起受伤和痛苦的情绪，而没有正面处理。你痛苦的源头也许不如艾丽森的经历那样显而易见。甚至你可能都没有意识到它的存在。但是我可以告诉你，它就在那里——但不会永远在那里！这一章节的目的，是帮助你发现那些没有痊愈的伤口，让你能够面对多年来压抑着的负面情绪。我知道这件事可能对你来说很陌生。很遗憾我们的文化没能培养我们自如地处理情绪。我们被训练使用左脑的逻辑和实用性思维，而忽视了右脑探究情感的能力。因此，许多人在生活中，往往忽视或是拒绝承认他们未愈合的伤痛，而非直面伤痛，让自己痊愈。

开始这一章之前让我们来看一个问题，埋藏不好的情绪而不正面处理，这到底是多么不正确的做法呢？把那些令人烦恼的情绪锁在某个地方，这为什么就是一件不好的事情呢？比起让它们在你脑海中飞旋、引发灾难，这样不是更好吗？这样的逻辑没有意识到一点，那就是，压抑情绪本身，就是引发灾难的元凶。因为如果你不去面对自己负面的、痛苦的情绪，你就会一直困在小我的“克服”阶段，继续规避真正的治愈过程。还记得什么是小我吗？它是那个鬼鬼祟祟的小家伙，总是滞留在过去的痛苦中，让痛苦在当前重现，并投射到未来。最糟糕的是，你甚至没有清醒意识到这些事正在发生！你所知道的，只是痛苦的情绪已经远离你，被深埋起来，无法对你造成任何伤害。然而自始至终，你的小我——未经你的允许，或是在你不知情的情况下——已经找到了那些隐藏的情绪，并从中收集了所有负面的能量，用作伤害你的弹药。最有可能的情况是，你的小我已经端起了那一大锅“限制性信念”，把它们喂进你的头脑中："我不好看，也不可爱"，"我不够聪明，做不了那份工作"，"我不会赚钱，也永远不会成功"，"我不是那种容易让人有好感的人"，"我不想吃东西"，"我很懒"。在我的工作中，我见过很多人将心里拒绝承认的情绪转化成了限制性信念，使他们在生活中完全被麻痹，不能进行一些必要的转变，或者情况更糟，使他们采取一些自我摧残的行为。而小我并不总是那么显见；有时候真的不可能完全清楚，在你生活中的某次负面事件背后，就藏着被你压抑住的痛苦情绪。通常，了解这件事的唯一途径就是战胜你的限制性信念，等待迎接正面的结果。

然而该如何，尤其在你并不知其存在的情况下，发掘你埋藏已久的坏情绪呢？答案就是："进行时"！是时候列一些进行时等式了。这一章里要说的，是"感觉进行时"等式。它是这样一种等式：它很独特，具有一个附加的步骤——感觉。这一步骤将帮你找出那些可能被避而不见的旧伤口，然后带领你去感觉。一旦你允许自己去感觉，你就能够投身于痊愈的过程。感觉进行时等式会引导你无畏地朝着以往的伤口撒下双氧水。好在双氧水只会让你刺痛一分钟，然后就会使伤口开始愈合了！把这短暂的刺痛当做是感觉进行时至关重要的一步吧。正确地清理伤口是最难的部分。一旦你启动了痊愈的过程，开裂的伤口不久后就会结痂，不出几周就会长出粉色的新皮肤。不出一个月，留下的只剩一道美丽的疤痕，轻柔地提醒着你曾经的教训。

但是在开始感觉进行时等式之前，也许你得确切地知道，自己所盼望的是何种改变。还有，这是否能够给你带来什么启发？以往未痊愈的坏情绪阻碍着你追寻真实的快乐。更严重的是，当新的痛苦出现时，你的大脑会继续习惯性地压抑情绪。这变成了一个恶性循环：由于你从不允许自己真正处理这些痛苦情绪，你也就从未学会处理类似情绪的技能。你在生活中就总是埋藏负面情绪。结果，你就一边克服痛苦，一边交谈、思考、生活。与此同时，你的头脑深处有个负面的声音在不断扩大，说着“我不够好”来奚落你。用不了多久，这个负面的声音就把这一想法植根在你脑内，会生根发芽，变成一个确实的信仰，让你相信自己的确不够好。

但是有件好事情要告诉你。将感觉进行时等式运用于生活的这一领域，其结果会是思维方式的完全改变，这将消除一切的负面情绪。这个过程的最终结果，是原先藏负面情绪的地方生长出了自爱与平和的情绪。而最棒的改变更是你可能意想不到的。记住，你不仅仅是在摆脱负面情绪，也是在摆脱限制性信念——它们是坏情绪所贮藏的负面能量生产出来的。

至于你所期待的灵感——痛苦的情感得不到解决，就会把你的心灵占去一大块空间，当你将所有那些痛苦的情感清理过后，就会腾出地方来装下许多灵感。我有一位求询者莫利，她的初恋伤了她的心，她发现他们在一起近七年的时间里，他对她并不忠诚。他们分手之后，她做了所有“自我改善”的事情。她锻炼出好身材，交了一些很棒的新朋友，还从读大学的城市搬来纽约，并在这里找了一份很好的工作。但是有一件事她没有去做，那就是没有去处理由分手引起的痛苦和被背叛的感觉。结果很能说明问题，她在这座大城市里始终没碰上什么好的异性。

后来的某一天起，她又开始接到那个前男友的电话。突然间，她埋藏多年的所有那些受到伤害和背叛的感觉一拥而上将她淹没。一连几天她的情绪都相当低落。不过那段时间里，她和最好的朋友待在一起，把心事都讲了出来，好好地哭了几回。最终，她告诉前男友，她已经可以放下这段感情，会勇敢走自己的路，叫他不要再打电话了。这段经历过后，她由内而外散发出焕然一新的自信。不久后她遇上了一个相当好的小伙子，开始了热恋。

最近，我也将自己过去的伤口都转化成了美丽的、崭新的存在。有超过一个月的时间，我都沉浸在认为自己不够聪明、写不好这本书的情绪里。我有个陈旧的限制性信念，就是认为自己不聪明。这可以追溯到六年级的时候，那时我有个喜欢的男生，他说我很笨。从那以后，我就真的相信自己很笨了！我试过很多办法，试图克服这个限制性信念，但是它却总是偷偷地溜回来。在我动笔写这本书之际，这想法猛烈地攻击着我。为了开始写书，我不得不先让心情平和下来，然后将情绪释放出来。每次当“我不够聪明，当不了作家”这种话背后的情绪乘虚而入，我就会靠着单纯地感受痛苦的方式去消解痛苦。我会身处这种情绪之中，研究起它来。我找到了这种情绪的来源，相信在它背后的是谎言。我内在的声音，或者说“进行时”，告诉我说我完全有能力做眼前的工作，我把这个声音的音量调大，让它盖过负面的限制性信念。若是一直沉湎于坏的情绪，我就无法治愈它了。

现在，让我们踏上感觉进行时的征途吧。在你开始感受进行时等式之前，有件很重要的事要做，那就是要找出多年以来，你的小我与深埋的负面情绪一起对你造成了何种伤害。以下是一些你可以自问的问题，或许能帮你揭晓答案：“你是否感到陷在负面的思维模式中，惧怕伤害与失望？你是否感到在生活的某些方面做得不够好？你的头脑中是否有一些絮叨的声音对你说着类似这样的话：‘我在感情方面表现得不好’，‘我不够好，无法获得成功’，‘我不会赚钱’？”

《课程》中说道，“害怕似乎是自发的，是你无法自控的。”这句话说的正是限制性信念。这些念头已经完全超越你所能控制的范围——它们已成习性。它们已经与你融为一体，它们体现了你对自己的感知。当你接收到这些声音时，我希望你接受它们真实的部分——将压抑的痛苦所产生的负面能量回收利用，更重要的是，确认它们不真实的部分，要明确那些话不是真的！

感觉进行时等式：30天得到痊愈

步骤一：感觉ing

分析心理学创始人卡尔·荣格曾说："所有精神疾病的根基，是不愿意体验合理的痛苦。"因此，为了痊愈，你得先去感受痛苦。当你愿意感受自己的负面情绪时，它们就会得到释放。尽管抵抗痛苦会招致更多痛苦，也不要害怕去感受。正是对感受的恐惧使你一直无法得到恢复。我现在要你做的就是撕掉你伤口上的创可贴，研究一下你真实的感受。闭上双眼，问问自己："我该如何描述这种感觉？我感到悲伤、恐惧还是焦虑？是否这三种感觉都有，甚至还有更多？我身体的哪个地方有这种感觉？它感觉起来像什么？会疼痛吗？有颜色吗？是什么形状的？感到压迫吗？在它底下隐藏着什么？是否有某个词语和它相关联？或者某个人？某个时间？"只要能帮助你认清想法下的真实感觉，问自己任何问题都可以。别推开它，别逃避它——要面对它。通过研究自己的感觉，你也许会重新联想起这些感觉源自何时何处。对许多人而言，这些感觉往往起源于童年时代。

步骤二：反思ing

现在是时候来接受那些负面的感觉，重新思考，把它们转为积极的自爱之感了。要做到这一点，请闭上双眼，用鼻子深深吸气，再用嘴吐气。花些时间理顺气息。然后问自己："有哪些关于自己的信念正阻挡我的去路？"把答案写下来。将写下的限制性信念删除，在旁边写下新的肯定想法。假如你的限制性信念是"没有男人我就不完整"，将它换成"我本身就很完整"。假如你的限制性信念是"我不够好"，将它换成"今天的我就很出色了"。可能你会想要明确地说出自己一直试图释放出的是什么感觉，这样的话，你可以采用这种方式表达肯定想法："我释放出____________________，让我感受自己的感觉。"

接下来的30天里，好好花时间去对待你的感觉。当你感觉到限制性信念出现时，只要接受它们使你产生的感觉，感受90秒钟，同时深呼吸。一种感觉可以用90秒时间排遣。持续感受至少90秒钟之后，召唤出你转化后的肯定想法。把积极的肯定想法大声说出来，然后继续一天的生活。尽可能常做这一步骤。

步骤三：反思ing+行动ing

有时候我们的感觉被埋得太深，不得不靠肢体活动来把它们排遣掉。要记住，感觉并不只存在于我们的脑内、心中，它们也在我们的身体里被拖着到处跑。该停止绕着感觉跳舞了，现在你要与它共舞。在这一步骤中，我要你把新的肯定想法应用于某种形式的舞蹈中。你会发现，跳舞时，在每一个节拍、每一次律动中，真正的释放得以实现，心境变得清澈。你可以舒适地在自己家中跳舞（在镜子前面跳舞是人生的一大乐趣！），可以随自己喜欢的音乐跳舞。让你的感觉都浮现出来，随着每个节拍每个动作，释放出负面情绪。

我发现跳舞是一种非常好的肢体活动，可以释放出受阻的情绪。我最近就在一家叫“S因素”的舞蹈教室上舞蹈课，在课上我体验到了难以置信的情感释放。这并不是常见的舞蹈课。它是由舞蹈家、演员席拉·凯莉所创立的。十多年前，席拉为电影《钢管舞娘》中的脱衣舞娘角色排练，她想深入挖掘这个人物，于是就去了一家脱衣舞俱乐部，跟着在那里工作的女士们学起钢管舞来。不久后席拉意识到，钢管舞中用到的动作比我们所设想的有着更大的影响力。她渐渐明白，身体的这些运动为内心情绪的转变和情感的治疗提供了机会。席拉说：“你会出现情绪放纵的状态，深入到一个感情充沛的境地”。

只要是“进行时”活动我无一不想尝试，所以读到席拉的故事之后，我就出现在了纽约的“S因素”舞蹈教室里。当老师熄灭灯光的时候，我感到仿佛教室里没有别人存在。音乐流过我的身体。几分钟后，大颗大颗的眼泪顺着脸颊流淌下来。“S因素”的舞蹈课将我带上了一段旅程，让我释放出了之前的一段感情所留下的尚未治愈的情绪。在课堂上，我发现这些情绪的来源甚至可以追溯到那段感情之前。这一发现使我追踪着爱的时间轴一路舞蹈，使那些我以为已经忘怀的根深蒂固的悲伤显现。我得以将这些深埋的情绪释放而出。

另一种舞蹈方法，也有着难以置信的治愈力，叫做“五韵律（5Rhythms）”法，是由加布里埃尔·罗斯发明的。“五韵律”的原理是：“你让心灵运动起来，它就会自愈。”我亲眼见过“五韵律”舞治愈了许多人，改变了他们的生活。

步骤四：接收ing

冥想ing

冥想并不只用于形容卧在枕头上大腹便便的佛像。每天进行冥想，收获会是相当惊人的。在这里我要告诉你，每天花5分钟沉静下来做“进行时”冥想，这可以改变你的生活。沉静的概念可能对你来说有点陌生，因为我们当今的社会总在提倡“走出去，把握住！”的心态。可实际上，冥想是“进行时”工具箱里最有转化效果的工具。如果你完全没听说过冥想这回事，不用担心，我帮你把它变得简单易行了。我把音乐和自己的声音录在一起，以此来引导你的冥想过程。你只要打开iPod，让我的声音来做你的向导。如果你平时不用iPod和其他MP3播放器，那么你可以照着以下所写的冥想方法去做，如果你喜欢，也可以播放一些环境音乐。

冥想方法：

用鼻子深深吸气，用嘴呼气。

让头脑放松，与身体重新联结。

找出身体的哪个部分留有痛苦。

朝向痛苦之处深吸一口气。

呼气时释放痛苦。

头脑放松下来后，让感觉成为你的向导。

轻轻地问自己这些感觉从何而来。

是否有某个时间段与这些感觉相关联?

是否有某个人或者某个特定场合与它们相关联?

让感觉引导头脑。

随着每一下的呼吸深入去感觉，找出痛苦的源头。

放开心灵与头脑，迎接这些感觉。

轻柔地提醒自己，去感受，没事的。

吸气，感受你的感觉。

呼气，释放。

写作ing

进行时写作是一种“意识流写作”练习，它会释放出你内在的声音。紧跟着冥想的进行时写作会回应你的感觉。写作时回答下列问题：“这些感觉存在于我身体的什么部分？它们来自哪里？它们一直在对我说什么？”举个例子，我的一位名叫戴文的求询者的进行时写作是这样的："我的感觉留存在我的胸膛。它们令我非常不舒服，难以呼吸。可以这样形容它们——不适当、丑陋、很恶心。这些感觉事出有因。我想它们来自我小时候。回想我还是个小女孩的时候，我感觉自己不聪明、不漂亮、不如姐姐那么好，感受不到自己的重要性。大部分时间里我都觉得没人在乎我。这些感觉背后总体的想法是，我就是不够好。"

依照戴文的例子，用15分钟的时间去进行进行时写作。你在进行时写作里所发现的东西，会与之后的章节里的内容相融合。让自己解放头脑，将自己释放到感觉之中，找到它们的起源。最重要的是，去感受。

30天感觉进行时

现在我已经详细解释了感觉进行时等式的各个步骤，希望你能采纳它，将它作为日常进行时修行的一部分。当你允许自己承认并感受真实的感觉之时，这些感觉就开始软化了。接下去的30天里，继续让自己去感受，它们就会开始得到释放。你不会在一夜之间彻底抹除这些感觉，但是每一天它们都会渐渐转化。这有点像去健身房——你健身一周后，肌肉会很酸痛，两周以后，你会感觉变得强壮了些，一个月之后，你的体型就好多了。只有重复这个修行，才能带来改变。而且，你还将腾出大量空间，让灵感得以进入。而有了这样的灵感，你才能准备迎接更多的“进行时”！

今天我们练习学着原谅。如果你愿意，今天你将学会掌握幸福的钥匙，并用在自己身上。

——《奇迹课程》

E R

原谅 ING：不原谅别人就无法解脱自己

TWO

在我为汉娜上的第一次辅导课上，她向我诉说自己在生活的方方面面都很容易暴躁、怨怼、进退维谷。她认为生活很艰难，每个人都想伤害她，她唯一求援的办法就是反击。“我所有的问题都是我家人的错，都是他们对我的教育褊狭的错。他们使我坚信，除了当一个贤妻良母，我在这个世界上再无立足之地。”她说道。汉娜对其家人的消极反应助长了她内心的愤怒和怨恨。结果，她就待在这样一个无休止的循环之中，对家人充满了负面情绪，这又消极地影响到她的工作以及和丈夫之间的感情。

我告诉汉娜，释放消极与怨恨的最佳方法之一，就是抛出一个词。我极力赞美着那个具有魔力的词，向她诉说着自己在辅导别人时、在演讲时，以及在同妈妈说话时，是如何使用它的。我告诉她在使用那个词的时刻所产生的神奇。和平的分手、引起变革的买卖协议、观念上的巨大转变——都是我亮出那个强有力的词语之后所促成的。我请汉娜亲自尝试一下。“深呼吸，对着你的家人扔出这枚强大的‘炸弹’。”我指导她说，“呼气的时候，说‘我原谅你们’。”汉娜笑了，她回应我说：“原谅他们！我为什么要原谅他们？我可是受害者。”我对汉娜解释说，如果她选择继续做受害者，她就一直会是受害者。而不为她所知的是，对他人的愤怒会伤害她自己更深。我告诉她，她每天都在排练扮演受害者的角色，在她学会原谅之前，这个循环不可能终结。我坦白地说，如果她的愿望是改变生活、从怨恨的模式中解脱出来，那么恰当的做法就是选择原谅。

为了向汉娜阐明原谅的重要性，我做了一个“进行时”比喻。我把她不愿意原谅的心态比作用错误的方式滑水。凡是参加过这项运动的人都会告诉你，滑水的第一条规则是：如果倒下了，立刻放开绳子。我第一次滑水是在科培克湖，当时是去纽约州北部为电台的“进行时女孩”栏目录制一天的节目内容。刚开始滑得很顺利。第一次试滑，我就一路拖着绳子，顽强地在水橇上站了起来。我非常喜欢在水上滑翔的感觉，清风拂面，水沫四溅，真想一直这么滑下去。所以我站起来之后，就不愿意放开绳子了。即使是开始失去控制之时，我也紧紧抓住绳子，试图继续往前滑。在船上看着我的伙伴大喊说，“放开绳子！”但是我没有听他的。船继续拖着我前行，我感到自己的双臂快要被扯掉了，而即便如此我仍不愿放手。我的双腿在颤抖，感到全身已经伤痕累累。我之所以陷入这困境，要归咎起来原因其实很简单——船的速度、我的装备、水的汹涌。但事实是，那一天，我才是自己真正的障碍。手臂的疼痛让我屈服，我终于放开了绳子。而放手之后，我发现自己自由而平静地在水面上漂浮起来。我仰面朝天，漂在温暖的湖中央，全身靠救生衣支撑着。快乐和解脱之感涌上心头。

抓着旧的怨恨、习惯、境遇不放，就如同被一艘汽艇拖拽着一样。也许你认为是你的男友、你的母亲、你的同伴、你的童年、你的朋友和你所处的环境造成了你所深陷的境地。但是你自己有很多力量，比你感知到的更多，也可能比你愿意承认的更多。

汉娜喜欢我的比喻，但是我看得出来，她仍没有完全接受我的建议。她理解原谅可以促使情绪得到释放，却不清楚该从何处着手。进退两难又有些困惑的她脱口而出："这得需要一个奇迹！"我答道："正是如此！"我说出一句引自《课程》的话来回应她："奇迹是爱的自然流露。"我解释说：原谅产生的奇迹源于内在的转变，而非停留在外部的结果。不要表现出消极与恐惧，而要去表达爱，奇迹就会出现。当你选择了原谅，你就放过了那个人，你抛开了陈旧混乱的思维方式，取而代之的是平和的精神状态。你转换观念时，奇迹就发生了。虽说你的转变会引发许多外在的能让你惊喜的情况出现，但真正的奇迹出现在内心。如此，每当你原谅某个人，你就选择了用爱来代替恐惧，转变了你的观念。就汉娜的情况而言，如果她想要从家人那里获得更多自由，她就得尽自己的力量，把他们从头脑中解放出去。汉娜很难掌握这一概念，因此，我要求她放开"怎么做"的问题，而开始"允许自己去做"。基本上我说这句话的意思是，"冷静下来，去做'进行时'修行"。

虽然一开始汉娜有些抗拒，但她还是愿意尝试一下进行时等式，来看一看“体验奇迹”究竟是怎么一回事儿。完成30天的“原谅进行时等式”后，她学会了用一种全然不同的方式来看待她的家人。通过投身原谅进行时，汉娜渐渐明白了，需要原谅仅仅是对爱的呼唤。若你心怀怨怼，这就是个明确的标志，表明了在这一情形之中你缺少爱。原谅进行时的过程旨在教会你，小我拒绝原谅，是建立在错误的观念之上的。这种心态从过往的恐惧中得到滋养，并在当前重现。就汉娜的事例来说，她不断地在当前重播令她恐惧的童年回忆。每当家人邀她周五晚上共进晚餐，她就觉得自己会被卷入旧的生活之中——即使往事已不复存在，只留存在她的头脑中。汉娜原谅了家人以前的行为之后，也就能够放开往事了。她不再扮演受害者的角色。她开始经历和家人之间的新关系，那是她现在的家人，而不是15年前的他们。

只要有一点点的意愿，你就会收获改变。关于原谅，现在的你有两个选择：第一，继续愤怒和悲惨下去；第二，原谅，放手，变得快乐。原谅会通往喜悦和心灵的平静。喜悦可能会即刻降临，那会是一种势不可挡的解脱感，或是感受到同情和真正的爱的时刻。也可能你得花上一段时间才能感觉到转变。也许要在发生某件事情的时候，你才会意识到这种喜悦与平静之感——某件往常会让你很困扰的事，而此刻你却丝毫不觉烦扰。

还是拿汉娜的经历来说，在花了30天做进行时等式之后，她发现虽然家人本身没多大变化，但她对他们的感想以及和他们相处时的感觉都发生了改变。她家人对她的期望和语带讽刺的议论，以前会把她逼疯，而现在都不会再影响她的情绪了。她已经能够在当下就释放掉不好的情绪，迅速恢复到平和的状态。由于看到汉娜的反应如此平和，她的家人也开始慢慢地改变他们的态度。过了一段时间之后，每个人都选择了用爱来取代攻击。现在，汉娜完全相信“原谅”这个词的力量了。把汉娜的故事当成一个有力的事例吧——如果你已准备好要体验由原谅带来的神奇的内在转变，那么在我的带领下，完成接下来的30天原谅进行时等式吧。放开绳子，期待奇迹！

汉娜的执迷、责怪、愤怒和不原谅的想法使她一直被绑在一艘快艇后面，直直地驶向不幸，而她不愿放开缚住她的那根绳索。你也许像汉娜那样明显缺乏原谅之情，也许你的表现更隐晦、潜伏得更深。你可能会想，“我仍旧很生前男友的气，不过没关系，因为他住在美国的另一边。”然而假如不将不原谅的心情好好做一下处理，你就会继续扮演受害者的角色；未必是在前一段感情中做受害者，但一定会在将来的关系里成为受害者。在你通过原谅进行时修行释放出过去的伤害之前，你都无法为享受当下的生活创造出必要的、神奇的改变。

如果你已准备好为达目标采取一些举措，那么先让我们确定一下你需要原谅的是谁。好好地环顾四周，找出需要你朝向他扔出一枚“原谅炸弹”的人。做这件事，你首先要抽出笔记本，回答如下问题：“哪些关系或回忆仍旧使我感到剧烈的痛苦或悲伤？我的脑海中一再出现的负面想法是什么？我不愿原谅的是谁？”

这些问题的答案没有对错之分。重要的是确定现状，使你能够开始放手。如果你难以给出准确的答案，可以考虑问问亲密的家人或朋友的看法。我给出一些可能的答案：

- “我的前男友是个撒谎的骗子。我真希望他从没有出现过。”

- “我仍然觉得我的母亲不够爱我。”
- “我气自己吃得太多，没有照规定饮食。”
- “我挑男人所做的错误选择全都要怪我父亲。”

原谅进行时等式：30天学会放手

步骤一：反思ing

在原谅进行时过程的开端，我想请你从一个截然不同的角度来看待你无法原谅的人。反思进行时开始于决定为那些需要原谅的人找出同情之处。任何一个能伤害别人的人，本身都是相当悲哀的。下面的这个故事简单地概括了同情对于看待他人的方式所起的作用：

一位犹太教教士和他的弟子走在街上。有个男人驾着豪华马车经过，把这位教士挤到街外，踩进了路边的水沟里。教士追着马车上那个有钱的商人大喊：“愿你事事如意。”弟子问他，“老师，您为什么对一个行为如此恶劣的人说这话？”教士答道：“因为幸福的人是不会把一个教士挤到沟里去的。”

教士说得没错。无论你相信与否，最好的做法，就是掸净身上的灰尘，同情那些伤害了你的人。当然，有些时候你也许认定了某些人的作为完全不可原谅。比如，要原谅一个强奸犯或者一个撞死了你的至亲的酒驾司机，这或许不可能做到。看待这些情况的最佳方式是，不要认为仅仅是去原谅他们已经犯下的可怕罪行，而是同时去原谅他们的现在和他们的将来。你原谅了这些人，就给了他们一个机会来改变他们的生活，很多时候这就能使他们的精神复苏，继而成为对这个世界有益的人。

维多利亚·鲁沃洛的经历就是一个有力的例证。她是一位44岁的办公室经理。2004年秋天，在她一次驾车途中，有一只冷冻火鸡砸碎了她的挡风玻璃掉进车来，几乎把她脸部所有的骨头都敲断了。这起意外差点让她丧命，她的脑部遭受了严重的损伤。是一个名叫瑞恩的19岁大学生干了这件鲁莽的事。瑞恩需要为这伤害他人的愚蠢之举付出代价，他被控告一级攻击，面临25年的牢狱生活。所幸维多利亚的手术很成功，没有留下终生伤害。

几个月之后，维多利亚和瑞恩在法庭上第一次面对面相见。瑞恩看着她的眼睛哭了，他为自己的行为向她道歉。她拥抱了啜泣的瑞恩。据后来的报道，她当时对他说，“没事的，没事的。我只是希望你尽可能让自己的生活变好。”维多利亚还坚持请检察官同意将瑞恩25年的判决改成服刑6个月，缓刑5年。维多利亚的宽恕给了瑞恩的生活新的机会，让他在年少时学到了影响深远的一课。

维多利亚的所作所为教导我们，原谅可以解脱他人，让他们在将来改邪归正。然而，她真正解脱的是她自己。通过释放愤怒，她懂得了原谅的真谛，即不管别人做了什么，都要心怀同情和爱地去看待每一个人。最重要的是，维多利亚的做法还告诉我们，原谅别人的可怕行为，也就给了肇事者一次神奇的机会，让他们可以改变与成长。向维多利亚学习吧，努力同情对你造成伤害的人。如果你想要如维多利亚和那位教士般拥有自在的感觉，就该拿出些怜悯之心了。

列一张同情名单

发现名单上的人的难处所在。要愿意站在他们的立场看事情。例如，“我父亲年幼时没有得到足够的爱，因此他不知道该如何正确地表达爱。”或者，“我同情我的老板，他显然肩负很多压力，却难以表达他的挫折感。”

认清你的角色

接下来，就该努力认清你在事态中所扮演的角色了。要搞清楚角色似乎并非易事。你或许会认为自己什么都没有做错，是百分之百的受害者。如果你这么想的话，回头想想我前面讲的滑水的故事，想想我是多么艰难又痛苦地抓住那根绳子。我紧抓着一个错误的观念，认为只要我继续奋力挣扎，就会顺利一些。这种错误的意念就是小我起作用的方式。你的角色可能仅有简单的一句台词：“我已经愤怒了这么久，现在怎么能放开愤怒呢？”此外，也可能由于他人的行为，你会很难看清自己在事态中的角色。在读者之中也许有人曾是性侵犯或身体虐待的受害者。我知道要看清自己在这类事件当中的角色是件几乎无法想象的事。在这些事件中，你的立场只是持续抓着愤怒不放。要记住，紧抓着愤怒只会让你一直身陷其中。看清你在事态中的角色，无论你是真的采取了行动，或者仅仅只是不愿放开愤怒。那个让我们害怕的小我告诉我们，坚持陈旧的怨恨，我们就能保护自己，避免再受伤害，避免“陷落”。而讽刺的是，只有让怨恨落下心头，你才能得到释放。

改变你的想法

现在你已经完成了困难的一步，接着就该改变想法了。首先请重述故事，创造出心怀宽恕的肯定想法。这种肯定想法可以很简单，比如“我原谅你，我放过你。”或者，“我接受你也很痛苦的事实，我选择放过这件事。”写下你表达宽恕的肯定想法：____________________。

接下来的30天里，每天醒来时对宇宙说出你的这个想法，睡前再次默诵。在一天的任何时间里，只要你发现旧想法又冒了出来，也可以说出这个想法，这样会有额外的效果。然后我想请你带上你的肯定想法去跳绳！

步骤二：反思ing+行动ing

30天内，默诵新思维模式下的想法，同时配合每天的跳绳运动。我为原谅进行时等式选择跳绳来搭配，是因为它能燃起一种释放感。你试着跳上短短的10分钟，当放下绳子的那一刻，你就会有种解脱感。像这样的简单运动可以肃清你那些不愿宽恕的障碍。要记住不要仅限于我建议的活动——你可以自由选择任何进行时活动，只要它能帮助你体验释放感。

运动要至少持续10分钟。如果你去跳绳，10分钟后就会觉得需要放开绳子了。通过简单的放开绳子的动作，让你的身体获得释放感，达到协调的状态。

勇敢地走出你的舒适地带，享受这个运动的过程。把你在第一个步骤中提出的肯定想法带到这个活动里，可以简单地一边运动一边默诵这个想法：“我放开了，我原谅了。”记住，在肯定新想法的同时配合进行时活动，你就能重新调整大脑中的神经传导路径，从而真正地改变自己的想法。

步骤三：接收ing

冥想ing

打开iPod，让我的声音来指引你走向宽恕。我的释放和原谅的过程大部分都是在冥想中完成的。你的思想和行为在原谅过程中起着主要的作用，不过真正的力量在于改变你的感觉。你的行为和言语也许可以将你转换到一个心怀更多爱的状态，但如果行为背后的能量还是不愿宽恕，那就无法在最大程度上实现神奇的转变。当你的能量发生了变化，你生活中的人会确实地感觉到这件事。冥想是围绕宽恕转变能量的最后一个步骤。每次我做完宽恕的冥想，就会有一个奇迹随之而来。可能是对方打电话来道歉，或者发了一条充满爱的短信给我，也可能是我自己感到轻松了。无论是哪种结果，总是很美好。不论外在的结果如何，内在的结果就足以给你惊喜。

下面的冥想方法旨在帮助你切断无法宽恕的绳索。这条绳索代表着你的愤怒、挫折感、痛苦与恐惧。这种痛苦对你、对对方、对宇宙的整体能量而言都已没有意义。再说一下，如果你对冥想不熟悉，只需要放轻松，打开iPod，让我的声音指引你。

在此次的冥想中，我将呼唤我的朋友大天使拉斐尔给予帮助。（再次提醒，请跟着我做这次冥想。天使代表着美丽的治愈力，我喜欢他们的这一象征。）大天使拉斐尔是个很了不起的天使，他掌管心灵，被认为是带来平和的灵药。存在于你生命中心的平和可以通过宽恕之举召唤而来。拉斐尔带来的平和会抚平你的愤怒，安定你的情绪。

用鼻子深深吸气，用嘴呼气。

头脑中想着你需要原谅的那个人。那个人甚至可能是你自己。

眼前浮现出那个人。

深深吸一口气，在头脑中说："我召唤原谅你的意愿。"

呼气——"我选择放过你。"

吸气——"我原谅你。"

呼气——"我放过你。"

吸气——"我原谅你。"

呼气——"我放过你。"

想象你和对方之间有一条黑色的绳索。

这条绳索代表着你的愤怒与怨恨。

带着放开的意愿，我们召来大天使拉斐尔协助我们切断这条绳索。

脑海中浮现美丽的天使拉斐尔的形象。

他带着一把金色的剪刀飞来。

他守卫你，轻轻地剪断了绳索。

呼气时，吐出你看着绳索落地的释放感。

随着每一次吸气，吸入白色的光。

在你解开可怕的束缚的同时，这白色的光会治愈你。

想象这光芒洒遍你的身体，从你的头部，经过脸庞，顺着手臂，通过腹部，穿越骨盆，流经双腿，绵延脚底，照进尘土。

这白色光芒洗净了你精神与身体中的所有消极面。

它清洁了你的心灵，使你能够去宽恕。

想象这白色的光芒从你的心灵溢出。

呼气时，将这光芒传递给那个使你痛苦的人。

这光芒正释放出小我的错误观念。

它释放出你的恐惧，融化了你的怨恨。

释放掉你的羁绊。

吸入宽恕的白色之光。

然后释放出白色之光。

“我原谅。”

“我放开。”

“我原谅。”

“我放开。”

不断重复此口诀。

写作ing

你来到了进行时地带。在进行时地带，你的精神是清洁的，你的身体已放松下来，你准备联结起直觉。这正是下载新观念的完美时刻。进行时地带是接收净化指引的最佳状态——你的精神为努力弄清事态而处于混杂状态时，可能就无法接收这种指引。进行时地带是一种流动的状态，在此状态中，灵感会穿透你的心灵，直觉会流过你的血管。

既已身处进行时地带，你就准备好了要迎接最终的释放。选择你一直以来不愿原谅的某个人、某种习惯、某段境遇，用进行时写作写一封信。（记住，进行时写作来自一种“意识流”——你不必思考，只管写便可。）开门见山地写出你如何被这一处境所影响的整个故事。让自己自由地写。尽管让文字流动，让它们全部流淌出来。必要的时候可以有污言秽语。可以咬牙切齿，可以诅咒，需要说什么就说出来。

信尾要指出这一处境对你的生活有哪些积极影响。比如，它可能将你引向了某一本书或一次演讲，或者某种形式的自我探索，从而改变了你的生活。你的怨恨可能成了催化剂，促使你遇见了某个现在对你来说很重要的人。对此深入地思考一番，让自己在这一处境里寻获爱。写下一些感激之辞，用一句简单的话为信作结："我原谅你，我放过你。"解脱你自己，把原谅铺成一条路途，让它通往内心的指引，即你的"进行时"。

C H A P

我将带你体验一种新的经历，让你变得越来越不愿去拒绝。

——《奇迹课程》

E R

平衡 ING：过犹不及

THREE

有位会占星的读者曾告诉我说，我命中注定要经历中年危机。这并不让我觉得惊讶。当年我20岁，那时，我的生活已经有过一连串的小灾小祸，我有着控制行为以及严重的毒瘾。我感觉自己好像一直在逃避着什么。当时的我，假如没有计划就会惊惶不安。我将生活中的每一个细节都计划好，拼命地追寻一种控制感。我必须了解每件事情的结果，如果不把一天里的每一个小时都排好计划，我就会浑身不舒服。

这种对控制的需求明显地表现在我生活的各个方面——我的感情、工作、饮食习惯，以及毒品滥用。幸运的是，它最终使我染上了可怕的毒瘾。我说自己幸运是发自内心的——毒品和狂欢的聚会透支了我的健康，我的身体再也支撑不住。（这个事例也说明了我的肢体能帮助我的头脑和精神将问题思考清楚，类似的事例不胜枚举。）在2005年10月，我停止奔向自我毁灭，走上了治疗的路程。

我到底要从什么事情中得到治疗呢？我的父母都很优秀，他们将我抚养长大，我生长在文明的环境里，受到良好的教育。我一直在逃避着什么呢？我怎么会变成20岁的那副样子的？回想起来，我现在对那段日子有了清楚的理解。我当时在逃避的是自己的感觉。虽然我过去的那些伤口，由经历过严重创伤的人听来，也许不值一提，但对我而言它们却很深重，足以使我感到需要逃避。我花了十年多的时间来躲避童年的痛苦。我的痛苦来自那些听上去很琐细的事情：有个男孩子说我很笨，我感觉不被理解，感觉好像无法与人分享心声。这些情况听起来似乎很不重要，但它们对我却有非常重大的影响。和这颗星球上的所有人一样，我幼年时也经历过一些不愉快的感受。问题并不在于我经历过痛苦，而在于我未曾去体会痛苦。我所做的只是逃避。逃避痛苦的感觉，就是我一直以来为规避真正体会痛苦所采取的方法。

十年的逃跑之后，我幸运地跌到了谷底。坠入谷底这件事可以由多种形式表现。也许对某个人来说，它意味着进入牢狱，对另一个人来说，它可能只是当某一天早晨醒来，决定不再逃避自己的感受。身为一个生活教练，我目睹过许多人坠入谷底。有些人流着眼泪来到我的训练课上，因为他们拥有太多消极的想法，无法自控。还有些人厌烦了自己的饮食失调，预备作一下改变。是什么事情造成了你跌到谷底的局面，这并不重要。重要的是你已身处其中。每当有身处人生低谷的求询者来我这里，我总是欢迎他们的到来，并对他们表示祝贺！之所以祝贺他们，是因为当你决定了不再逃避而开始生活，你的生活就会变得异常精彩。

让人不无惊讶的是，即使是在我跌进谷底的当下，我也感到兴奋。我当时真正有了放松的感觉。我激动地发现，原来还有一种更轻巧、更平衡的生活方式。带着开放的头脑与接受改变的意愿，我被指引着走向许多美好的书籍、演讲，以及一路指导我的老师们。有一天下午我读了《奇迹课程》，记得其中一页让我深受启发。它说："有一种生活在这世上的方式，它不在此处，尽管它似乎在此。你的外表未曾改变，只是你的笑容出现得更为频繁。你的额头舒展，你的双眼温和。"读到这段话让我欣喜至极。它说出了我内心深处的信念，那就是，有一种更好的生活方式，以平静的、更加平衡的态度生活。它提到的更频繁的微笑、额头舒展、双眼温和，形象地展现了我印象中的真正的幸福。它所描述的这幅景象激发我努力去转变旧的行为。平衡与平静变成了我的使命，为了得到这两者，我做好了所需的准备。

于是我开始在自己相当不正常的生活里争取些许平衡。对我而言，所追寻的平衡目标是创造一种生活，那其中应该少一些刺激，少一种掌控的欲望，而多一些我需要的平和，让我能够专心发展生活里更重要的部分，比如自身的健康——精神上及身体上的——有意义的情感关系、事业等。尽管放下毒品和酒精让生活少了些刺激品，但我的小我依旧被引向混乱的状态。有人说，从上瘾行为中恢复的过程好比去堵上一艘灌满水的船——刚补上了一块，另一块马上又漏水了。

这用来比喻我的生活再恰当不过。当我放下了频繁交新男友的嗜好，就拿起了毒品；当放下毒品，就拿起了食物；当放下食物后，又工作个不休。因为我仍旧只从外界寻找快乐，不断地寻找消遣来填补空虚。我仍旧一味地逃避感受而不自知，用外部世界的杂物堵塞思想而使其麻痹。而且我总能找到源源不断的堵塞物。

就在那段时间里，我意识到，要找到我渴求的平衡，需要认真努力地去改变。而我的精神已对不良嗜好成瘾，它被小我那个讨厌的声音控制着。小我的想法让我逃避感受，就这样长达十多年之久。为了证明小我的力量，我的戒瘾治疗师告诉我，我之所以生活不平衡，大脑在其中起到了主要作用。我听后，迫切地想知道更多这方面的内容，于是自己作了进一步的研究。我了解到自己的头脑被训练成只朝一个方向走——朝左走。左脑与语言、逻辑、分析思考能力相关。它擅长将事物归类，讲话、阅读、写作与算术是它的强项。当事物井然有序之时，线性思维的左脑就会欢庆起来，它会想，“我先做完这件事，把它从待办事宜中勾掉之后，我就可以做第二件事了。”

我们的文化培育了我们左脑的理性思维、计算能力，而代价是削弱了我们右脑的直觉和创造力。现代教育一直致力于增强左脑的实用能力。我们的文化中注重“成功，成功，再成功”的思想，强烈助长了这种左脑心态。

另一方面，右脑便遭受冷遇。右脑用非线性方式工作，能够轻易地理解视觉的、空间的、知觉的与直觉的信息。右脑处理信息的方式比左脑灵活得多。它纵观大局，不会着迷于计划“我该如何从这里到那里”的过程。右脑对模式或逻辑性的计划全然不感兴趣；它完全依靠直觉和内在指引。右脑相当冷静，它善于处理不明确的信息。因此创造性的右脑思维也很难掌握，因为没有实在的东西供你掌握——你并不刻意去做什么。右脑不需要控制每一件事的结果，它乐于被指引。

当我对左右脑有了更深刻的认识之后，就更容易理解我的生活怎么会变得如此脱离平衡了。一直以来我生活的方式几乎完全由左脑引导，关于如何度过日常生活，我没有给右脑任何发言权。最危险的是，我一直完全拒绝右脑的直觉。因此，就只剩左脑在我的生活中横行霸道，奋力去控制所有事情的结果。当我要面对自己的情感时，它唯一关心的事就是算出我多快可以将这些情感结案归档，然后继续去做待办事宜中的下一件事。我的左脑没有给我时间坐下来面对问题，探究问题，最终用健康的方式解决问题。所以，实际上我的生活会失去平衡，部分原因是我用脑的方式不平衡。为了使生活恢复平衡，我似乎需要弄清楚自己的用脑方式是如何的不平衡。意识到这一点之后，再加上我追求改变的意愿，我就振奋起来，决心朝着改变采取一些举措。其实这种愿望就是发掘右脑力量的第一步了，因为正是我的直觉指引我做出这个计划的。我终于让自己由内心的指引带领，走上一条路去寻找更好的生活方式。

很快我就进入了福尔摩斯模式，开始了全面的研究。起初，我问了自己一系列问题："实用性与创造性、计算与直觉，它们之间的平衡点在何处？我们该如何学会让大脑用平衡的方式运作？我该如何冷静地做完事情？"然后我受到启发，想要了解更多关于平衡的知识，于是去附近一家名为"城市回弹"的健身房，报名参加了一个健身项目。"回弹"的基本意思是打到或撞到某物后反弹回来。"城市回弹"要求会员在室内的一张小型蹦床上弹跳。这是一项心血管健身项目，可以减轻参加者心脏、肌肉和关节的压力。

此项目的另一个作用是，通过回弹运动，可以帮助参与者创造平衡。当时我刚好正专注于研究该如何在生活中创造平衡，于是我就去尝试了。我立刻就爱上了“城市回弹”这个健身项目。你猜怎么着，它真的帮助我走向了生活平衡的目标！你不必轻信我的话。看一看以下的研究数据吧：康奈尔大学做了一项研究，试图找到回弹与平衡之间的联系，这项研究表明，每天10分钟的回弹运动可以增加人体68%的平衡性。这一研究结果，结合我自己参加回弹运动的体验，让我觉得很兴奋，所以我每天都坚持训练，努力接近自己的目标，争取创造出更为平衡的生活。为了使回弹练习有最大的成效，我牢记这个项目的创始人 J.B.伯恩斯所教授的步骤，买了一张小型蹦床放在家里，另外摆了一张在办公室，甚至还运了一张蹦床到我妈妈的家里。每当我遇到情绪上的挫折，我就会播放起音乐，在蹦床上弹跳、回弹，借此重新获得平衡。

蹦床回弹（即“跳跃进行时”）的效果之一是，它让我经常体验到一种通畅的释放感。然而，我追求的并非只是这种释放感。要记得，我追寻平衡的使命包括弄清楚该如何平衡使用两边的大脑。所以我将头脑的运用融合进练习之中。我觉得回弹训练也会对纠正左右脑不平衡有所帮助。当我创造了进行时等式之后，我就有了验证这种理论的方法。我开始在蹦床上默诵这句肯定想法：“我爱自己，我很平衡”。这种肯定想法与运动的结合成功地净化了我的头脑，让我在生活中感到更平衡。我发现以前困惑我的那些事情都变得更易处理了。即使在周末没有安排，我也更能安然处之。以前一有压力我就会暴饮暴食，而现在我决定不过量饮食。用肯定想法做反思进行时，加上蹦床上的回弹进行时，这帮我改变了以前不平衡的生活方式。

回弹练习引导我改变，引导我变得更为平衡。我找到了在生活中取得平衡的工具。我在约会前做回弹运动，在着手重大工作任务前做回弹运动，甚至在开始一项创造性方案前做回弹运动。我发现自己笑容更多了，感觉更放松、更平和了！它不仅让我感到更加平衡，而且也在我做决定的时刻发挥作用。我的生活也因此开始更顺利地运转，不再有持续不断的刺激和挫折，取而代之的是，生活变得更平静了，我觉得更快乐了。我持续着跳跃进行时训练。每天我至少花10分钟在蹦床上，并默念这句肯定想法：“我爱自己，我很平衡”。这种日常的平衡训练影响了我生活的各方各面。每当那个对不良嗜好成瘾的小我迫使我拿起一杯酒、吃得过多，或者打电话给某个不适合的男人时，我就会求助于这一特殊的进行时治疗法。我会默诵那句肯定想法，在蹦床上弹跳，10分钟后就会跳回平静的状态了。

此外，通过每天重复这种平衡进行时等式，我开始用不一样的方式看待生活。我不再把自己看成一个暴食者、依赖他人的人、瘾君子、失控的人。我觉得自己稳定、平衡、自在。我的生活终于变得可以管理。我眼看着自己的人际关系加强了，自己极端的行为消失了。另一大作用是，我变得更洒脱、更有趣了。我发现朋友们也因此更喜欢和我待在一起了。我从“没事找事的人”变成了“随和的朋友”。而且，我变得更有创造力了，这让我重拾童年的爱好——绘画。我在家里支起画架，开始画画。我喜欢这样的感觉，发挥自己的创造力，让右脑做该做的事情。这样的转变着实是个奇迹。

回弹进行时变成了我的日常活动。回弹进行时的体验带我走向更为平衡的生活，我不再需要找寻外在的刺激物来填补内在的空虚。实际上当我开始更平衡地生活时，我就发现，取得平衡之后将通往更让人满足、更充实的生活。所以，我已经很久没有需要警惕的空虚之感了。此外，我找到了这样一种方式来自如地得到平静。平静对我而言不再是个新时代的时髦词汇；它现在成了我的现实。

完美主义引起的失衡

有许多力量会发挥作用使生活失去平衡，而从我自己的生活以及做教练的经历来看，我发现最普遍、最常见的罪魁祸首，是完美主义。由于各种原因，我们这一代人似乎特别容易有这个特点。Y世代的人相较前几代人，焦虑和酗酒的情况高发，许多心理学家也将该原因归结于完美主义。以我的一位求询者卡罗林的情况为例。卡罗林11岁的时候被诊断出患有糖尿病。为此她有了一种强烈的感觉，觉得自己有缺陷。因此，之后的12年间，她努力在生活的各个“可控制”的方面做到完美，以此逃避自身不完美的感觉。追逐完美成了她最终崩溃的原因。

沉浸在对完美的这种不平衡的渴求之中，一时间是可以达成目标的，然而时间一久就变得越发困难了。在学校表现完美很容易，计算卡路里来维持完美的体重也很容易，但如果常态一出现偏差，像是重了一磅，或者考试得了个A⁻，卡罗林就会陷入深深的抑郁中。抑郁感助长了她对完美的需求，让这种需求变得更加强烈。这种感觉燃起了卡罗林的欲望，她更努力地工作，吃得更少，完成更多的事情。所有这些追求完美、追求成功的举动都是她逃避的方式，逃避从诊室里听到诊断的那一天开始拥有的感觉。

卡罗林在23岁的时候终于陷入谷底。当时她在一家知名时尚杂志社工作。像电影《穿普拉达的女王》里所描绘的那样，她成了这个行业里的一个奴隶。她常常在晚上和周末加班，比以往更迅猛、更努力地追逐着完美的高度。问题是在那种环境里，一个初入行的职员不可能得到什么嘉奖。一周又一周过去，她一直试图得到上司的肯定，却徒劳无功。她为自己设立了不可能达到的完美的标准，欲达标准却又无力做到，于是她崩溃了。

在我们会面的第一堂课上，卡罗林和我一起找出了她这个追求完美成瘾的嗜好。她发现12年前在那个诊室里，她的小我就掌控了她。自那以后，她的生活就朝着寻获完美的方向全面倾斜——她不计代价地过着这种生活。她有意愿、有准备做出改变，为自己创造出更为平衡的生活，于是她投入平衡进行时等式中。第一个步骤是要让她明白，即便是进行时修行，也不必做到完美。我用这样的口号激励她："是进步，不是完美！""在前进中做到90%就很好，不需要100%的完美。"我鼓励她跳脱自己的舒适地带，做事情可以马虎一点。她开始练习这样的肯定想法："我愿意有缺陷。"随后，我让她上蹦床蹦跳，并一边默念这样的想法。当你在蹦床上弹跳的时候，你的样子、你的感觉都远远谈不上完美或可控。那种失控的感觉对卡罗林很有用，因为这会让她觉得非常不安。

我的目的就是把她推出舒适地带，带领她体验一种新的经历，在这经历中她得不到完全的控制。尤其是，我想让她的身体体验到自控与被其他力量控制这两者间的平衡。没多久，卡罗林就在这两者间建立起了联系。做回弹运动不到5分钟的时间，她便哭了起来，因为她的全身得到了放松，她快乐地大喊："我要平衡！"而她也的确做到了。她练习了30天的平衡进行时等式。随着每一下回弹，她都放下了一些控制欲。最终，她抛开了完美主义倾向。最为振奋人心的是，她为生活增添了更多的平衡。

她可怜的右脑长久以来一直被噤声，此时也终于可以发声了。她终于能够用从未试过的方式发掘自己创造性的一面，她发现自己在平面设计方面有真正的才能。因此，她决定从事这方面的工作。她辞掉了原来的工作，加入了一个平面设计项目，现在已经在投身设计行业了。

说到这里，我希望你明白，人人都可以变得平衡。我们这代人被训练得行动过快，而从没有真正地去接触自己的感觉。即便你行动不快，思维也过快了。被微博、社交网站、手机聊天工具包围着的我们，谁能得闲安静下来呢？生活变成了持续不断的搜索，搜索着外界的刺激物，内心却没有规划好路线图。好了，够了！我要把平静带回来！如果你准备好了跳回平静的状态，试试我的平衡进行时等式吧。（别担心，你不一定要有蹦床才能完成这个等式。如果你没有蹦床，我会向你介绍一些可供替代的活动。）

在开始平衡进行时等式之前，让我们来找找看是什么行为造成你失去平衡的。要找出这一点，请回答下列问题：“你是否感觉失去平衡？在你生活的什么方面出现了上瘾行为？你是否沉溺于消极的想法中？是否对什么东西上瘾，食物、性、酒精、工作、还是别的？当你有恐惧感出现，或者当你感觉到压力时，你的第一反应是什么？是跑向冰箱？是拿起酒杯？还是上社交网站？你是否对事物思考过度？是否为自己设下了高得不合理的期望？如果你没有达成自己的期望，是否会苛责自己？”

平衡进行时等式：30天恢复平静

步骤一：反思ing

你可以设想一下生活在平静之中的状态吗？醒来时心里没有焦虑，不用担心前一晚吃了什么，不用担心他是否打算打电话给你，是不是感觉很好呢？设想一下不再被同样的琐屑烦心事困扰，就这么度过一整天。这也许很难体会，对我而言也曾如此。有一段时间，我不能领会“平静”一词的含义。但是不要因此泄气。我保证，你最终也能够领会的。每天做平衡练习，你将得到自由。

走向平衡的反思进行时第一步，就是“选择”平衡。小我的那个对不良嗜好上瘾的头脑会不惜任何代价抵抗平衡。你可能意识不到这一点，但是你会不由自主地惦记自己最大的嗜好。你每天会有超过60000种想法，其中大部分都是重复的困扰，它们在你的大脑中肆意纵横。小我维持着这些想法，在你明确立场之前，它都不会放开这些想法。而且，小我还有一种给予许可的想法。例如，“我明天再节食”“只喝一杯没什么的”“再给这段糟糕的感情一次机会”。给予自己付诸行动的许可，你就会继续深陷在消极行为里。然后你会变得容易被同龄人所施的压力所影响，或是容易被周围人的举动所左右。为了真正改变你的行为，你必须改变想法。

如果你准备好了要抛开自己的上瘾模式，那么请勇敢地采纳如下的肯定想法：“我要放下消极思维模式。我选择平衡与平静。”

吸气——“我要放下消极思维模式。”

呼气——“我选择平衡与平静。”

步骤二：反思ing+行动ing

获得平衡的生活需要身、心共同的转变。当你的想法在持续捣乱时，你的身体绝不会真正地感到平衡与稳定。当你有意识地将自己平衡的肯定想法与回弹练习相结合，你才会体验到身心的联系。这种联系会影响你对于何为真正的平衡感的整体理解。在“感受”之中，真正的转变才会发生。

如果你刚好有条件可以蹦蹦床，就去做回弹练习吧！如果没有条件，下面是一些有效的可供替代的平衡进行时活动：

- 脚跟对脚尖走路。每走一步，将一只脚的脚跟紧贴在另一只脚的脚尖前面。脚跟与脚尖要碰触，或放在几乎要碰到的位置。一边用这种方法行走，一边默诵你的肯定想法。
- 单腿站立。你可以对着镜子做这个动作，一边说出你的肯定想法。别忘了换腿。
- 练习不靠手部力量起立坐下。

- 交叉操。这一练习的做法是用右肘碰左膝，再用左肘碰右膝，如此交替。缓慢、专心地做此练习时，大脑的左右半球的大量区域都会同时活动。交叉操能促进胼胝体[1]神经均衡的活化。经常做这个运动，将有利于大脑左右半球的联系，带你进入更平衡的状态。

步骤三：接收ing

冥想ing

先在椅子上坐直，双脚稳固地置于地面。想象你的双脚在土里扎了根。你的双腿就像树干连接着土壤深处。你的姿势保持笔直，身体两边都同样平衡。你稳定而冷静。现在听听你头脑中的声音。让它们穿过你的身体。不要对任何想法做出反应，任它们跳进跃出。这些想法未必会把你带向某处。它们只是和你在一起。听着脑中的想法的同时，随呼吸吸入它们激发出的感觉。让这些想法和感觉流经你的身体，流入地下。想象让这些有毒的想法流出去，释放到大地里。随你的意愿，每个想法都能迅速流过你的双腿，释放出去。

没有一个想法能动摇你。你维持着稳定与平衡。

吸入平静。

呼出平和。

1 胼胝体，连接左脑与右脑的部位。

吸入平衡。

呼出喜悦。

吸入冷静。

呼出信念。

说这句话："我很冷静，我很平衡，我很平静。"

写作ing

在冥想之后，让你的想法在纸上自由流淌；写下冥想过后脑中的任何念头。在进行时写作时间里，把你混乱的想法释放到纸上。经由每个想法流出笔尖的过程，让内心的指引将你带回平衡状态。纸也可以是你的蹦床，你在上面回弹，直至精神平衡的状态。让字句得到释放，让你的头脑回弹到平衡、平静的状态。

接下来的30天，练习平衡进行时等式，你会开始对生活产生全然不同的看法。这种新的看法会在你踏上下一章节的旅程时指引你。请透过宇宙的镜子细看自己，去迎接感知上的每一个转变吧。

C H A P

感知是一面镜子，而非事实。我看到的是自己的心境，于外在反映而出。

世界只在造物主脑中。不要认为它在你身外。

——《奇迹课程》

E R

镜映 ING：他者是一面镜子

FOUR

在你的生活中，有没有什么人总会惹得你非常生气？甚至只要这个人一出现在你面前，你就会动怒，和这个人相处一段时间，你就心烦意乱，因为他可以在这段时间里触及你的每一个敏感点。这个人可能是你的上司，可能是已经不太往来却仍出现在你生活里的一位旧友。可能是你的妈妈、爸爸、弟兄、姐妹，或者别的亲戚。事实上，这个总能惹恼你的人，他的话可能正如一面镜子，恰恰反映出你身上与他所言相似之处。

而这就是他让你如此气恼的原因。现在你可能在想："上司（或者岳母）是我的噩梦，他（她）绝不可能为我的灵魂提供镜子！"相信我，我理解你的困惑，但请听一听我的观点。我开公关公司的时候，曾有个客户让我彻底气得发疯，如果当时有人告诉我，他的行为可以为我提供机会来了解自己，我也会心存怀疑。他激怒我的地方是，他这个人从来不会满意，我做什么事似乎都会被他看扁。每次同他交流，感觉都像在被他盘问。他总像是有意要占上风或者刻意地挑我毛病。有一次我无意中了解到，他争强好胜的个性其实是源于自身极度的不安全感。他家里有兄弟五人，他是最小的一个，他们从小生活在一个犯罪猖獗的居民区。有一次我瞥到一张他童年时代的照片，小时候的他看起来还有点发育不良。

然而，虽然理解了他为什么会有如此的表现，还是丝毫不能消除我对他的失望。我对他的个性分析很正确，但即便有了这样的分析，和他待在一起时我还是会火冒三丈，很难丢开敌意和愤怒之感。直到差不多一年后，我学会了一种称为“镜映”的方法，并且很擅长运用这种方法，然后我才渐渐明白，为什么和他的交流常常会使我如此烦恼——他明显的不安全感是一面镜子，照出了我自己的严重的不安全感。我担心自己的工作做得不够好。从和他签下合同的那一刻起，我就开始感觉力不从心。不过后来我自己的不安全感消散之后，这位客户的行为也完全不再让我烦恼了。月度会议一结束，我就不会再想起他的言论，而几个月之前我总是会气上好几天。我多希望能更早点看到自己的不安全感的反射，这样就能省却好几个月的苦恼了！

我的这段经历反映出一个常被忽略的事实：那些最能惹恼我们的人和事，实际上往往是我们最好的老师。他们就是机遇，揭露出那些我们应当了解的事情，让我们能够愈合身体里的某道裂口，或是认识到关于自己的某件正面的事情，培育它，使它得以发展。这种特殊的自省——了解自己善恶美丑不同面的能力——就叫做“镜映”。

镜映告诉我们，我们如何体会生活中的人际关系与境遇，常常是我们内在感觉的直接反映。比如说，如果你相信自己，别人也会相信你。如果你习惯说一些伤害自己的话，别人的话也会伤害到你——往往这些话背后并无伤害意图。如果你尊重自己，别人也会尊重你。依照《课程》的观点，我们会在他人身上理解自己的感觉。往往，别人让我们心烦，是因为我们在他们身上看到了我们不喜欢自己的地方。当我们不再将自己的不幸归咎于他人，而愿意向内追求治疗之时，奇迹就会来临。

在这一章我们将继续探索镜映的概念，集中讨论进行时等式怎样真正地从生活里考验我们的人与事之中，帮我们引出自省的机会。

镜中的关系

你在任何时候遇到的任何人都可以成为一面供你自省的镜子。通常是那些在我们生活中扮演重要角色的人，给了我们最佳的机会来了解自己。为什么呢？原因有二：第一，我们最常与他们待在一起，只有通过相处的时间和共同的经历，你才能真正地、层层深入地去认识一个人；第二，只有那些最了解我们的人才会真的惹我们生气。而只有通过对某人或某事的激烈反应，我们才能窥见镜中的自己，从而让镜映发挥作用。正是这种强烈的感觉——无论是妈妈对你的工作唠叨不休，让你对她产生的无奈，还是老板不断批评你，令你对他产生的愤怒，或是一个朋友总想成为关注焦点，使你对他产生的厌烦——才能帮你理清，关于你自己，那个人、那件事可以告诉你些什么。

人际关系是很复杂的，让我们直面这一点，我们生活中都会有那些惹恼我们、让我们生气的人。镜映最有用的地方在于，它不仅能帮助你接受这些人，还会扭转你在那些关系中可能遭受苦恼的局面。

镜中压抑的情绪

镜映的一个最大的好处就是，它是一种揭开压抑情绪的方法，你可能根本没有注意到这些情绪正存在于潜意识里。艾米丽是我的一个求询者，她28岁，在2008年秋天她失去了工作。失业使她无力负担公寓房租，于是她搬回去和父母一起住。尽管知道只是暂时搬回去一阵，艾米丽还是觉得住在父母家让她难以忍受。她努力想办法要摆脱这样的生活。实际上，艾米丽失去的不仅仅是工作，她失去的是她的事业。在现在的经济气候下，她活动策划人的工作很难维持下去——她心里的声音大概是这么对自己讲的。在这种想法背后，其实她的内心想要做别的事情。她的梦想是去非洲，帮助需要帮助的人。多年来她都渴望投身慈善事业，用自己的协调沟通能力来为这个世界做一些事。然而，对未知的恐惧挡住了她的去路，她无法采取行动将梦想化为现实。她向父母提到自己的愿望时，他们立即表示不赞成，完全不给予她支持。实际上，他们威胁说，如果她不在国内再找一份活动策划的工作，就不再给她经济资助。

那时，艾米丽的朋友为了帮她理清头绪、注入一些积极思想，建议她参加我的一次讲座。我那天晚上的话题刚好就是镜映。为了阐释镜映是如何起作用的，我请听众在他们的人际关系和生活环境里找找镜子。为帮助他们寻找，我建议他们想想看那些在某些方面让他们相当不舒服的人或事。这时，艾米丽举起手来。她告诉大家自己的父母怎样不赞成她去非洲的愿望，怎样想也不想就回绝她。艾米丽难过不已，困在受害者的角色里，她问我："这种情况怎么可能会是我的镜子？我的父母太过分了。他们认为我没有能力去非洲帮助别人。"我回答说："你认为自己有能力吗？"

她思考着我的问题，眼泪从脸上滚落。她答道："我觉得没有。"我给了艾米丽一个机会，让她在父母反对的这面镜子中看到自己的反射，使她更理解了这件事。艾米丽的父母对她施展技能的能力缺乏信心，这正反映出了她对自己缺乏自信。不知不觉中，她的父母感觉到了她的不安全感；因此，他们也害怕她做决定去非洲。假如她带着信心跟他们谈这个问题，他们就会有不一样的反应，无论他们本身有何打算。如果她的表述是有自信的，他们也会感觉到有信心。一个月后，这假设得到了应验。艾米丽找到适合她的非洲非营利工作机会，好好研究了一番。然后她开始申请工作，后来有一个职位录用了她，她制定了行动计划，且积极地执行计划。如此一来，她对于自己的决定多了许多信心。当她再次向父母提及这个话题时，她自如而胸有成竹地端出了自己的计划。结果，他们的神情和态度完全转变了。现在，他们映照出了她的信心。

当你将镜映法用于人际关系时，关键是要了解生活中难相处的那些人让你对自己产生了什么不同的感受。然后让内心的指引给你更多领悟，洞察存在于这些感受后的未痊愈的观念。这个过程会使人际关系更牢固、更和睦，因为你将不再对他人怀恨在心。也因此，你可以转移这些能量，用以净化自己的感觉，在镜中创造出更健康的映像。

镜中的短处

镜映的另一好处是，它能让我们看到自己的短处。实际上，往往是那些我们对别人反应激烈时所表现出的特质，才是真正属于我们的特质。

认识到这一点之后，我想请你在指责别人的时候留意一下。将不愉快的情绪当做契机，让自己掉转头来，向内观察。这样的情况给了你机会朝宇宙的镜子里细看，找出你体内存留的污秽之物。也许你有某个已不太往来的旧友，每次你一看到她就心烦，因为她喜欢没事找事，每当和包括你在内的一圈朋友在一起时，她总会惹是生非。

那么这种情况下你的映像在哪里呢？也许是你在念书的时候，没有在朋友圈里得到足够的关注。也许你比别人腼腆，尽管渴望受关注，聚光灯的光线还是会落在更外向的人身上。现在的你，还是不由自主地感觉自己就像一个试图被人看见的孩子，而你那个没事找事的朋友在一旁吸引了大家的注意力——即便她得到的注意力是负面的。如果你已经准备好了要为自己镜中的映像负责，那我要鼓励你停止指责他人，而开始观察内在。每当你发现自己在批评别人，或者关注别人的缺点之时，这就是明确的迹象，表明了你不喜欢自己内在的现状。爱挑剔别人缺点的人，其实只是非常害怕在别人身上看到自己的缺点。

镜中的长处

镜子不只会反映我们需要改变的东西。它们也会反映我们内在的美。你在这个世上看到的美，同时也是你在自己心里看到的美。举例来说，有一次我去公园里看我朋友的乐队演出。乐队在舞台上快乐表演的画面以及美妙的音乐让我深受感动，我哭了起来。我明白，看演出时感受到的喜悦，是我内在喜悦的反映。欣赏别人的美好，这也是一面美丽的镜子，让你看见自己的心灵所感受到的美好。

镜映进行时等式

镜映进行时等式将指引你领悟宇宙反射给你的信息。如果你认真地使用这一工具，就会发现自己隐藏的面貌，这可能是你一直都不敢去看的面貌。使用镜子作为向导的一个关键是，不要对你的映像分析过度。这就是为什么在等式的开始我们采用行动的步骤——在这里将采用行走进行时——而不是和之前一样用反思进行时步骤。我会请你把真实的行走动作应用到象征性的行走行为中——通过镜映法，从引发你负面情绪的处境中走开。在你行走的时候，你会反省自己在自我意识的时刻做出的反应。

接在这一步骤之后的是冥想时间，我会带你了解“进行时”，从镜映过程最近的收获中，取得进一步的反馈。为了得到更深入的镜中观察，冥想后要接着进行时写作，更多内心的真实与自省将跃然纸上。最后，你会来到反思进行时步骤，我会向你提供几个手段，让你将镜映法应用到生活中。

在你开始镜映进行时等式之前，问自己以下问题：“应对他人时，你经常有自我防御、激动、丧气的感觉吗？有没有人能真正地惹恼你？”

镜映进行时等式：30天反映内心

步骤一：行动ing

某个人的行为如何反映了你内心深处的某些东西——不管是你的缺点，或是你压抑的情感——当你用镜映法了解了这一点之后，我要请你尽快带着你的小我行走。

从触发镜映过程的处境中走开。让自己走上15分钟，让头脑飘浮。让你的想法和感觉随着每一步运动起来。迎接每一个想法。别把它们推开或者评判它们，而是要聆听它们。《课程》教导我们，小我会首先发言，音量最大。因此，要意识到初始的想法可能来自于小我。只要让它们随你迈出的脚步流逝。走去附近的公园，走去海边，走去门廊里，只要是你觉得舒适的地方都可以。然后坐下来做5分钟的冥想。

步骤二：接收ing

冥想ing

轻轻地闭上眼睛。用鼻子深深吸气，用嘴呼气。让自己融进周围的环境里。想着映照出你内在情感的那个人或那件事。大声地对宇宙说出：“请帮助我了解这面镜子。我需要从这里学到什么？”然后坐5分钟，聆听你内心的指引。头脑保持开放，准备接收讯息。它可能会以某种感觉或者某个想法的形式到来。感知你此刻的情绪。呼吸，接收。要记住你也许不会立刻得到答案。保持耐心，要明白直觉可能会在一天中的任何时候对你说话。随时准备接收答案。

写作ing

紧接着冥想，立刻开始进行时写作。让内心真实的声音在写作中呈现。让头脑放松，让你的想法由“进行时”指引。让你的感觉在写作时引领你。无论在镜映过程中了解到什么，反省一下你是如何反应的。例如，假如你的母亲不断唠叨你怎么没有男友，你从中了解到的是你担心自己不会再恋爱的恐惧，把自己的感受写下来。假如一个朋友老是传些流言蜚语让你觉得很烦，你从中了解到的是你自己也爱说别人的闲话，因为说别人不好能让你自我感觉更好，那么写下这件事给你的感受。不要评判，只要观察就好。记住，镜子不是给你机会让你苛责自己，而是给你成长的可能。每一面镜子都给了你更深的自我意识。

步骤三：反思ing

现在你已经思考过镜映法使你了解到的事情了，是时候来弄清要怎样做改变了。还是拿刚才用过的例子来说明，如果你发现自己喜欢偷偷地说别人的闲话，那么就要相信你已准备好去处理这种行为了。同理，如果你发现了某种压抑的情感，比如你害怕自己不会再恋爱了——你可以选择关上恐惧的开关。当你意识到自己需要处理的是什么行为之后，把它写下来。例如，你可以写："我打算有意识地做出努力，绝不再对别人说三道四。"或者"我打算不要浪费精力去担心自己不会再恋爱了，我要走进外面的世界，把这精力用来体验人生。"为了推动进一步的改变，你可以往前翻几页，把你的问题再代入感觉进行时、原谅进行时或平衡进行时等式中。

愉快地用好你的镜子，把它作为促进自己内在成长、诚实评价自己的工具。要记得每一面镜子都是一次美妙的机会，让你向内观察，清理出更多的空间来接收内心的指引。《课程》

中说，“洁净，镜子与讯息便光芒闪耀。”

30天的镜映进行时修行会在你练习下一章的等式时派上用场。在第五章里，我将带领你抛开小我在感情关系中的错误观念。你对于如何使用镜子的全新理解，将成为一个有用的工具，帮助你更仔细地查看自己是如何处理感情问题的。

C H A P

你的任务不是追寻爱，而仅仅是找出你内心所有为抵挡爱而建起的屏障。

偶像即界限。它们是种信念，相信形式会带来幸福——决定设立偶像，你便迷失。

——《奇迹课程》

E R

释放 ING：恋人不是你唯一的照明开关

FIVE

米歇尔的生活很成功。她拥有好的工作、好的朋友，用健康的心态看待自己，还有许多很棒的爱好。闲暇时间她喜欢去上舞蹈课、读小说、参观博物馆。她的生活简单，自在，充满激情。后来她遇到了亚伦。相遇的那一刻，他们的大脑便充满了荷尔蒙。米歇尔的恋爱经验不多，她被突如其来的感觉淹没了。她觉得自己好像由内而外焕发出光芒来。她心跳加速，身体僵直，仿佛被一张爱的卷饼包覆。毫不夸张地说，他们被彼此深深吸引。见面不到一个星期，他们就迅速地正式交往了。

两个人恋爱的第二个月，米歇尔的朋友萨曼塔和莉拉谈起她们看到的米歇尔身上的变化。“你都不跟我们一块儿玩了。”“你总是看起来忧心忡忡的。”“我们那个快乐的朋友身上发生了什么事？”发生在米歇尔身上的事情是，这段新的恋情将她卷入了小我的龙卷风里。这对情侣在交往之初就太过迷恋对方，到了第二个月，他们已经完全脱离了各自生活的轨道。更糟的是，和亚伦之间的感情燃起了米歇尔之前从未觉察的不安全感。

米歇尔的小我疯狂地创造出无数幻想出来的恐惧，这是她之前从未面对过的。在这种恋爱错觉的作用之下，她最终脱离了美好生活的轨道。她开始把亚伦看做自己唯一的幸福来源，完全忽略了他们相遇之前她生活中其他的人际关系。她将他偶像化，只有和他在一起的时候，她才真正地感觉完整。

米歇尔最好的朋友萨曼塔对她和亚伦的感情心怀怨恨。她对这段感情的愤恨，完全反映出了她自己内心的愤怒。萨曼塔恨自己没有勇气去恋爱。因为她父亲在她小时候就离开了家，害怕男性离开自己的恐惧一直笼罩着她的生活。无可避免地，她无法真正地去体验爱情，这是小我的控制所造成的。

而另一位朋友莉拉，当米歇尔和亚伦在一起之后，她体会到的则是另外一种嫉妒。莉拉之所以会充满怨恨，是因为她认为自己的朋友被一个男人抢走了。更糟糕的是，她忌恨米歇尔有男友。莉拉过分重视拥有一个男友的重要性了。这是因为她母亲向她施压要她结婚。因此，看到自己的朋友恋爱就增加了自身的恐惧，担心没有男朋友，自己就不够好。

我相信你可以把自己和米歇尔、萨曼塔、莉拉或者和其他你认识的也在感情中经历过小我荒唐行为的人的处境联系起来。当小我撞见爱情，所有其他的爱都被抛出了窗外。记得《课程》里说，小我“实际上是一种恐惧的想法”。因此，当小我进入一段爱情（或只是对爱情的看法）之中，就会形势大乱。也许你早已明白，这是生活里很特殊的一个领域，它可以困难到令人手足无措。在恋爱中，小我可以真正地让你情绪低落。

与这三位女士相似的处境，我都曾亲身经历过。为了处理小我造成的爱情悲剧，我最终决定要抛开自己的恋爱错觉。在这个过程中，我缓慢而切实地获得了一些经验，在这一章，我将把一部分健康的经验教给你。多亏读了《课程》一书，约会和恋爱对我来说变得开心多了，把握起来也容易得多。所以，在这一章节，我会与你分享《课程》究竟怎样彻底改变了我对约会和恋爱的观念。首先我会解释小我是如何在恋爱中捣乱的。接着我将告诉你在恋爱中，小我会如何阻挡住你的“进行时”。然后我会带你了解，当你在感情阵线上努力从小我带来的浩劫中抽身之时，运用进行时等式会带给你哪些益处。通过分享经验，我希望能为你简化感情问题——这个常被视作非常复杂的生活领域里的问题。

不浪漫的小我

小我应该对感情关系的复杂性负责。不浪漫的小我是因为沉湎过去又担心未来而产生的一种紧张的幻觉。通常，人们总是拖着他们的过去走进一段恋情。我见过原本正常、平静的人变成了彻底的怪人，这都是因为小我的爱情幻觉在作祟。实际上，我也曾是其中一员。

比如说，小我的声音常常会告诉你，你配不上你的伴侣，或者对方配不上你。也可能小我会告诉你，你的幸福躺在另一个人的臂弯里。小我还经常会反映出你父母的行为。例如，要是你在一个恭顺的母亲身边长大，你可能会跟随她的步伐。要是你的父亲总爱贬低你，你可能也会选择一个爱贬低你的伴侣。我们从父母那里获得的行为直接影响着我们现在的人际关系。让人遗憾的是，小我会将过去的境况重塑，这境况在任何恋情中都占了上风。

再者，小我会在当下利用过去的恐惧来吓唬你，从而给你的恋情惹麻烦。如果你以前的男友曾有过外遇，你可能就会对现在的男友产生信任问题，即便他没做过什么令你不信任他的事情。更糟的是，小我让你不能做真正的自己，因为你害怕自己不够好。比方说，劳拉和丹恋爱一年了，她一直装作喜欢运动，喜欢浩室舞曲，喜欢海滩，只为了让丹觉得自己有很棒的喜好。而丹从未有机会认识到劳拉的真正兴趣所在。由于看不清真实的她，他和她分手了，因为他觉得她没有为这段感情带来多少东西，他想要从伴侣身上学到更多。劳拉的小我使她拒绝内心的真实，带她沿着错觉的道路行走，导致她失去了一段感情。

另外，小我会向世人高喊疯狂的论调，像是“男人就爱坏女人”“女人很麻烦”。这些所谓的“事实”完全是些愚蠢的想法，必须摒弃。如果你已准备好要将所有破坏你恋情的恋爱错觉抛掉，那么就用以下方法来武装自己，带上它们开始30天的释放之旅。

不浪漫的小我如何阻碍你的“进行时”

特别的感情关系

恋爱中的一大禁忌是把你的伴侣塑造成偶像。《课程》教导过我们，“目光要高于一切偶像。”当你将伴侣偶像化，你便把他变成了自己幸福的唯一来源。没有他，你就感觉不完整。这是个噩梦。《课程》中说，“你要的绝非偶像本身，而是你认为它可以给你的东西。”如果你向某个特定的人索要全部的幸福，你就完蛋了。米歇尔和亚伦的结局基本就是这样的情况。米歇尔始终把爱情置于友情、事业和个人生活之上。她把亚伦当做偶像，拒绝自己的“进行时”，而从亚伦身上寻求所有的指引和爱。

这是《课程》所称的小我的“特别的感情关系”。现实情况中，“特别的感情关系”却并不那么特别。实际上，这种关系把你和内心指引分离开来，它让你相信你的“救赎（幸福）”在自身之外，在你重要的另一半的怀抱之中。“特别”这个词暗示“不同”，对小我来说它意味着“更好”。当你让另一半“特别”起来，他就变得比你的朋友、你的事业、你的家人更好，当然也比你更好。《课程》里讲过，“特别的恋爱关系是小我用来把你挡在极乐之地[1]门外的首要武器。”

此外，“特别的感情关系”是两个不完整的人走到一起，来填补彼此空虚的关系。“特别的感情关系”是用一个人的空洞与不安全感来填充另一个人的，一个人渴望被完整的需求来填充另一个人渴望被认可的需求。就像莉拉的情况那样，她觉得一定得找个男友，这样才能感觉完整。然后她遇到了马特。马特是个没有安全感的人，要是怀里不搂个女孩，他总觉得自己不够好。莉拉的不完整刚好填补了马特的不完整。结果，他们全身心地迷恋对方，互成了对方的偶像。他们的感情这样维

1 《课程》里的“极乐之地”，指的是一种精彩的生活方式——勇敢、快乐，并一直与你的“进行时”相联结。

持了一段时间，直到莉拉决定要从与马特的感情之外寻找另外的满足。为实现这一目标，她找到一份新工作，交了新朋友，开始上健身房。

这些新的追求填充了她的内在，因此，她不再需要马特来填补空虚。马特未愈的不安全感不久之后就完全吸引不了莉拉了。而对马特来说，因为莉拉对新的事物有了热情，他开始怨恨她。最终，莉拉和马特分手，留他独自一人品味不完整。“特别的感情关系”会产生许多不健康的结果，这是其一。

“特别的感情关系”的根基总是摇摇欲坠。这个“特别”的人被置于如此崇高的地位，以至于他只要犯一丁点错误，你就会因为感觉到不完整而崩溃。《课程》里有相似的观点：“在对每一个偶像的追寻背后，都存在着对完整的向往。”“进行时女孩”对这句话作如下翻译：当你把伴侣偶像化，这意味着你认为没有对方自己就不完整。因为你无法感觉自身是一个整体，于是你向往在另一个人身上得到完整。这有些像电影《甜心先生》里那句颇具欺骗性的台词，“你使我完整。”很抱歉要对你说实话，没有一段恋情可以使你完整。事实上，你之所以感觉到完整，是因为你并没有长远地去看待。

你渴望的所有了不起的东西都已存在于你的内心！我知道你可能在想，“喔，不，她要开始讲‘你需要的爱都在你的内心’那样的废话了。”好吧，你知道吗，我正要讲这个！这刚好就是我要说的。我要说，你本身就已十分完整，充满了无限的爱，没有一段恋情可以与之比拟。这些话今天在你听来空口无凭，但我可以很自豪地证实这种更伟大的爱的来源。《课程》里说：“你对自己的信任太少，因为你不愿承认完美的爱就存在于你自身，所以你在内心找不到的东西，便向外去寻找。”当你停止从外界追寻幸福，转向向“进行时”追求自爱，你就将学会不再去找寻“特别的感情关系”。这一章的进行时等式，即释放进行时等式，将为你装备工具，指引你看到自己内心的伟大之处。

紧握与控制

莎莉来上辅导课的时候，对我诉苦说自己感觉孤独，她找朋友们和男友的时候，他们总是不出现。她抱怨说正在欧洲念书的男友不回她的电子邮件，朋友们不参加她的社交活动，妹妹不回她的电话。她感觉无人倾诉，自己被世界所忽视。

莎莉的背景故事是，她的这些被忽视的感觉源自她的童年。她小时候从来都没有从父亲那里得到足够的关心，她的父亲患有忧郁症，不能够在情感上给予女儿她所渴求的关心。莎莉一年前来到我这里时，她对父亲充满了愤怒。这种愤怒的结果就是，过去15年里，她让自己与父亲的紧张关系在恋情和友情中重演。而且，为了让别人回应她，她还表现出控制、操纵、催促他人，向他人大喊的倾向。

她呈现出来的暴躁是一种自动反应，映射出她内心对父亲的尚未治愈的愤怒。我向莎莉解释说，她的朋友们并不是她的父亲，如果她继续将幸福等同于别人的关注，那么她就无药可救了。接着我告诉她，朋友们不回应她的原因是，在她每一个请求背后都存有操纵别人的期待。伴随着每一个请求，她用盘子为他们端上了自己的一段过往。照着苏菲派诗人鲁米的说法，我劝她“别再为他人端上自己的痛苦”。另外，我还解释说，当我们不怀期待地发出邀请时，我们才会真正被别人听见。

莎莉的故事里有两条主要的经验需要我们借鉴。首先你要收回自己付出的能量。如果你为别人付出的是带操纵性、控制欲的能量，他们就会逃走。我告诉莎莉，她的问题在于不是她有什么样的要求，而是她如何要求。即便她语气温和地去请求，其中的控制力量还是会把每个人都赶跑。我对她说，她的男友甚至通过网络就可以感受到她的控制力量。

为了满足自身对爱和关注的需要，而想将生活中的人紧握住、使其窒息的所有努力，都不可避免地会损害与别人之间的关系。那么你能够做些什么来改变呢？两个字——释放。

经验

经验一：恋人不是你唯一的照明开关

小我会使你相信，看到火光的唯一途径就是恋爱。《课程》的观点可以帮你改变看法，书里认为，你应该努力让自己的恋爱关系多一些兄弟般的情感，而让兄弟般的关系多一些浪漫的情感。“兄弟般的情感”指的就是“友情”。《课程》教导我们，你应该停止将爱人偶像化，要以平等的爱的观点来看待生活中的每一个人。当你把重心从那个人身上挪开，他就不再那么“特别”了。

我的一堂圆桌集体辅导课上出现过一个有力的事例可以证明这一点。亚历山德拉对大家讲了她有一次和几个朋友去看音乐会的事，这件事让她看清了自己在恋爱中所制造出来的“特别”。当时她的一个女性朋友迟到了。而直到演唱会前半段结束，亚历山德拉根本就没注意到那个朋友还没有来。后来她看了下手表，才意识到那个朋友已经迟到一小时了。她给朋友发了一条贴心的短信说，“但愿路上没有堵得太厉害。真希望你在这儿！”她的朋友在演唱会的下半段赶到了，和他们一起欣赏了这场演出。

当晚亚历山德拉反思了这件事情。她想象了一下，如果她在等的不是朋友，而是约会对象，面对同样的状况，自己会表现得多么不同。假如她的约会对象因为在路上堵车而迟到了超过一小时，她一定会暴跳如雷。她不可能好好地看演出，不可能在他赶到时就消了气。这种情况就表明了亚历山德拉把恋情归在不同于或者高于友情的范畴。她能够如此明了地看清这件事，看清小我的力量可以如此强大，这是相当好的。小我乐于让恋爱变得可怕，并能把它与你生活中的其他关系分隔开来。

学会把你的爱人或约会对象视作朋友吧。想象一下，如果你可以在约会的时候百分之百地放松、做真实的自己，这该有多棒！试试看吧。把你的伴侣看成朋友，让你的恋情变得轻松。首先你只要做自己，把约会当成是和朋友一起出去。一开始也许会有些困难，但这很有效。放轻松，做自己就好。几乎所有人都能在一英里之外就嗅出谎话来的。真实的你足够迷人了，所以别再假装，自然一点。做自己！

另一方面，要让你的友情更浪漫。我的求询者们都知道，我曾每天晚上都大力赞扬自己这种炽热的激情。这种激情源于一群群我辅导过的女性。来自她们的爱与丰富的感受是难以言喻的。和她们在一起工作的时候，我有着沉浸在爱里的兴奋感。这是因为事实的确如此！我爱着屋子里的每一位女性。我爱着我们一群人能共同制造出能量，爱着这能够治愈的力量。屋子里的能量填满了我的心，就好像男友第一次示爱时那样。

其中的每一位女性也都感受到这种真切的体验。

因此，我让她们进行尝试。我要求她们见证自己和朋友们之间已经存在的浪漫感情，以此来转变对于特别的感情的看法。她们回来讨论的时候，带来了令人难以置信的友情之爱的故事。比如，埃莉卡去洛杉矶探望一位女性朋友，她整整一周都被包围在爱当中。这种爱来自她们对精神生活的共同追求。这两位女性从彼此的联系中获得喜悦，不愿离开彼此身边。“那感觉就像恋爱一样”，埃莉卡说。当你的友情中有追求、有激情、有浪漫，你为何还依赖从爱人身上去获取呢？当然，你可以两者兼得——可为什么不让友情也拥有同等的热情？让浪漫不设边界。让热烈的爱在你所有的关系中呈现。

“恋人不是你唯一的照明开关”，这一概念可能难以理解。你一直以来所受的教育使你相信的是另一回事。你长大的过程中听到的童话故事里，充满了身穿闪闪发亮的盔甲的白马王子与骑士。这一切听起来美丽，实际上却将你引入歧途。这些童话全都支撑着小我关于“特别的爱”的想法。我不是要来戳破你的幻想气泡，我只是要将它延伸开来。

经验二：恋爱是任务

你是否在每段恋情中都重复同样的模式？你是否上演同样的行为，然后获得同样的结果？造成这些的原因是，你所有的恋情都是在完成任务，因为如《课程》教导我们的那样，我们在所有关系中所面对的障碍都是机遇，可以让自己得到最理想的成长。宇宙把那些最有学习能力与痊愈潜能的人拉拢在了一起。

我将用我朋友吉娜的故事为例，来说明为什么所有的恋情都会成为任务。吉娜曾和威尔恋爱一年。快满一年的时候，她已经受够了威尔不做许诺的态度。她有结婚的打算，而不巧的是，威尔并没有这样的想法。吉娜没有跟随小我，而是听从了她内心的指引。她心里的声音在说，“原谅他，放过他——他已经竭尽所能了。”她听从了内心指引的声音，以相当和平的方式和威尔分手。这段经历教会了她原谅。因为她原谅了他、放过了他，才能够和他继续做朋友，尽管分手很痛苦。她和威尔一起收获了一段最佳的学习经历，然后她就准备好迎接下一项任务了。

不久后吉娜遇见了一位叫加瑞特的男士，他和她一样抱着结婚的打算。吉娜和加瑞特在一起甜蜜地度过了7个月的时间，吉娜在这段恋爱中学到了两条重要的经验，也实践了新的行为。她学会了怎样接受以及尊重自己的需求。在第七个月的月末，加瑞特出乎意料地和吉娜提出分手。而让吉娜惊讶的是，她并没有感到很失望。她知道虽然这段甜蜜的恋情并不持久，却给了她最好的学习机会。《课程》教导我们说，当学习机会结束之时，这段关系就会被更好的东西以及新的学习机会所取代。这就是发生在吉娜身上的事情。不到两个星期的时间，她又和威尔重新联结在了一起。他们分开的这段时间里，威尔独自经历了许多最好的学习机会。对他而言，他的学习经历出现在他和自己的关系之中。他学会了真正地爱自己，从而意识到自己已经做好准备要好好地爱吉娜。

他们共同痊愈的结果是，两个人要展开一段全新的旅程了。他们完成了各自的任务，把“特别”的关系转变为健康、稳定的关系。吉娜和威尔不再需要填补彼此的空虚，而是快乐地与对方分享光亮。他们通过了各自的任务之后，宇宙让他们重逢。

转变

把你的焦点从画框转向画的内容

释放进行时等式的另一个益处是，你会开始聚焦感情的内容，而非停留在外观的框架上。《课程》把“特别的”感情关系比作一个画框，支撑着“重要的”世俗欲望——他赚多少钱，他的宗教信仰，他的体型等。另外还有一种“神圣的”感情关系，它建立在画的内容上，而不是画框上。当你聚焦于内容而非框架之时，你就能够不那么在乎他赚多少钱，而更关心他带给你的感觉。通过把焦点从框架转向内容，你就可以开始体验自己真实的感受。这时候你才真正地在“感应”。在放开小我的世俗框架的过程中，你才能看到伴侣真实的本质——爱。

神圣时刻

恋爱总是使我犯错。多年来我在所有的恋情中一再制造出相同的错觉。曾经在一段感情中，小我始终都占了上风。我整整一年都陷在愤怒、主观偏见和对过去的沉湎中。我防御心强，也不懂原谅。我试过用我的“镜子”来将这些反映视作对自身问题的指引，但是小我依然驱使我对男友指指点点。这种小我模式一直持续到一个国庆假期的周末。我的小我花了一整个周末，对我讲有关这段感情的可怕事迹。我和男友度假的第二天，我就受不了小我的喋喋不休了。

所以在我们出去看烟火之前，我决定坐定冥想，求助于内心的指引。我坐下，让我的“进行时”做她该做的事。我向宇宙释放我的想法，倾听内心指引的声音。冥想的开始，我大声地说，“我要抛弃对男友的愤怒，我决定原谅他。请帮助我，让我用不同的方式看待他。”几秒钟后，我感觉自己的痛苦减轻了，“进行时”引领着我。我的男友进入了我的冥想之中。我清晰地看见他在我面前，我们面对面站着。很快他的身体开始变化，白色的光束洒在他身上，他的形体消失了。虽然我看不见他的身体，但我有个感觉，他仍然和我在一起。我有一种无与伦比的轻松之感。我被爱包围着。

那一刻我得以真正地原谅小我放在他身上的谎言，把他当做一个平等的人对待，而非“特别”之人。看到了他的无辜之后，我感觉仿佛我们的精神彼此联结，散发出白色闪烁的光芒。这要比国庆烟火美丽得多！这是一个“神圣时刻”。

神圣时刻随时都可以出现，只要你决定将恐惧带给“进行时”治疗。你有多大的意愿，你的“进行时”就有多大的治愈力。在神圣时刻，你的“进行时”会带着你通过原谅来消除错觉。就我的情况而言，我能够把男友看做一个平等的人，而非“特别”之人，并且知道他和我是两个单独的个体，此时这种爱的光芒照射了进来。在那一刻，我能够释放自己的恐惧和愤怒，看见他真实的本质。

最后，我充满了一种平和之感。《课程》里写道，“在这神圣时刻，没有人是特别的，因为你不再把自身的需求强加到别人身上，而使他们变得不同。放下了过去的价值标准，你会对他们一视同仁，也与你自己相同。你不会在自己和他们之间看到任何间隔。在神圣时刻，你感知到每段关系的现状，看到每段关系的未来。”

神圣的感情关系

有一种恋爱的方式，可以让你在第一眼时，就选择用充满爱的眼光去看待近乎所有的事物。这就是《课程》中所说的“神圣的感情关系”。下面我会带你完成释放进行时等式的几个步骤，这将帮助你释放你的恋爱错觉。一旦你成功地抛弃了这些错觉，你就会获得能力，能够逐渐创造出神圣的感情关系。

神圣的感情关系起始于它特有的前提。这个前提是：每个人都观察自身，看不到任何匮乏。接受自己的完整，和对方携手发挥这种完整，而每个人各自都是一个整体。《课程》将神圣的感情关系描述成两个完整的、痊愈的个体，在爱而非恐惧当中结合在一起。神圣的感情关系为那些完成了任务、跟随“进行时”指引的人出现。由于双方个人的完整性，他们不再需要把伴侣当做偶像。在神圣的感情关系中，参与者平等互视。《课程》中说道：“你内心的神圣属于他。你在他的内心看到它，它又回归于你。”这说明，两个完整的个体内心之光彼此映照。他们在彼此的爱里看到的光，是他们自己内心之光的反射。在神圣的感情关系中，另一方并不是使你完整，而是与你一起欣赏你的完整。

将进行时等式应用于感情关系中

释放进行时等式会引导你把对“特别的爱”的恋爱错觉转变为神圣的感知。等式的第一步——反思进行时步骤——将引导你在爱人以外的生活领域里找到光源。此外，这一等式会要求你对自己如何看待恋爱加以总结，并提供给你工具来对负面的看法进行反思。接着，在等式的行动进行时部分，我将为你介绍一些我自己尝试过的最佳的肢体活动，以供你点亮光明。这些点亮光明的活动会为你呈现一条途径，让你成为自己的照明开关。

通过在自己身上得到更多的光，你将被引领着释放自己，从你所创造的任何“特别的感情关系”中得到释放。（你也将释放这些感情。）然后，这一等式会为你带来一系列的冥想方法，这都是我为帮助释放恋爱错觉而特别设计的。这些冥想方法让我躲过了许多不必要的情绪崩溃。为了最大程度地接收你内心的指引，你要跟随冥想，用“进行时写作”写一封释放的信给自己，这封信会使你走上通往新行为的路。这封信将会是你同自己、同宇宙所立下的庄严契约，约定自己要有所改变。它也可以不断提醒你，在恋情中，小我是如何占据上风的。

释放进行时等式会为你提供方法，让你在每段关系中尊重自己的“进行时”，使你可以完成其中为你准备的所有任务。在每一项感情任务中，实践释放进行时等式，这将指引你去体验《课程》所称的“神圣的爱”。

开始释放进行时等式时，先仔细审视你的恋爱模式。问自己以下问题：“你是否常在恋情中犯错？你是否发现自己在每段关系中都一再重演同样的模式？是否一提到恋爱，你就陷入恐惧？”

释放进行时等式：30天释放你的恋爱错觉

步骤一：反思ing

为了克服小我对恋爱的误解，你必须开始改变观念。首先我想请你仔细观察小我的恋爱模式。然后我会引导你将焦点从框架转向内容，用不同的视角看事物。接着我会带领你在伴侣之外的生活领域里找到光亮。最后，你会学习一些方法来开启自己的照明开关，而不再依赖你的恋人，将其当做你唯一的光源。

观察小我的恋爱模式

- 列出你的每一段有意义的恋情，过去的以及现在的。
- 用进行时写作将每段恋情的“故事”写出来。如何开始？动力为何？如何结束？现状如何？
- 厘清小我一直对你讲的那些关于恋爱的烦心之事。

将焦点从框架转向内容

用列表说出你的伴侣如何使你“感觉”快乐。如果你单身，列一张清单，说出你想要的理想伴侣如何使你“感觉”快乐。通过确认伴侣如何使你感受内在，你会将重心从所有表面的东西上挪开，比如他赚多少钱，他是学什么的，等等；所有这些东西都是框架。他给你什么样的“感觉”才是内容。记住，一段关系的内容才是真正重要的。框架无法长久支撑。

找到其他光源

- 列出你生活中其他领域的光源（与宠物玩耍、运动、听音乐、写作等）。
- 找出友情中存在的浪漫、激情和火花。
- 列出自然而然闪耀着爱的地方。你的亲情和友情中有爱吗？它是否存在于哪本书里呢？还是在某个有创意的计划之中？它还可能以一只宠物的形式出现。意识到身边的爱，就是你内心之爱的反射。

沐浴光芒

每当小我试图说服你，爱只会以恋人的形式出现，你要去证明这是错的。这时立刻打开你的另一个照明开关。比如，听一些能照亮你心灵的歌曲，或者带你的宠物狗去散散步。接下来的30天里，确定至少一个（除恋爱之外）有光芒照耀的生活领域，投身其中。

和自己约会

带自己去一个平时可能不会只身前往的地方。自己去公园野餐，去博物馆，观赏一部浪漫喜剧。让自己找到独处时的浪漫。

步骤二：反思ing+行动ing

有一种特殊的有氧运动可以点亮你的内心之光，没有其他与之类似的活动。这种运动叫做“intenSati”。它由“进行时”导师帕特丽西亚·马里诺（Patricia Moreno）创立，由核心的有氧舞蹈结合了积极的肯定想法组成。“inten”意为“意念（intention）”，“Sati”意为“静观（mindfulness）”。力量运动与积极的肯定想法相结合，会在你的内心创造出奇迹般的转变，让内心之光穿射而出。每当我情绪糟糕，或者过度思考小我的胡言乱语之时，我就可以跳进一堂intenSati舞蹈课，不出一小时，一切都会发生转变。

任何让你的身体积极运动起来的活动，都有点亮你内心之光的力量。除了intenSati，我建议你可以去上非洲舞、宝莱坞舞，或者巴西卡泼卫勒舞（“进行时女孩”的最爱！）的舞蹈课。

步骤三：接收ing

冥想ing

将自己的恋爱错觉转化为爱的现实，冥想是我采用的主要方法。因此，我针对释放小我在感情中的恐惧，创作了一些冥想方法。这些方法的目标是，让“进行时”呈现出长居在小我恐惧之下的真实感觉。每一次你通过冥想把恐惧带向内心的指引，你就会释放小我，爱也会真实呈现。

释放冥想

冥想带你走出小我的“特别的感情关系”，把你领向自由。《课程》说道：“释放你自己，也释放他人。”每一天都要释放别人，给别人自由。此时常常需要“原谅”。对于你的伴侣，很有可能你听从了小我错误的说法，并把这些说法当成了现实，从而产生了误会。通过冥想，原谅你的伴侣。要记得正是通过原谅，你才能得到释放。当你释放了你的爱人，就让他成了他该有的样子，在原谅中，你也能够真正看清他到底是谁。这是一种美好的行为，它可以在你接下来的生活中切实地改变你的感情关系。幻觉消散后，你也可以看清感情的真相。这一行为也可能导致和平分手。原谅是你的向导，引你走向一段调整过的充满爱的关系。它给了你所需要的明晰与爱，让你依据内心的指引做出诚实的决定，而不再听从小我的声音。这个方法会让你们两个人都得到自由。别去管具体的结果，享受这自由。

用鼻子深吸一口气，用嘴将气呼出。

在脑中想象你的爱人的样子。

看见他正站在你面前。

微笑着迎接他的形象。

深吸一口气，心中默念——“我原谅你。”

呼气——“我放过你。”

吸气——“我接受你。”

呼气——“你的内心之光映照我的内心之光。”

“我们分享这光芒。”

想象你的心里正形成一个白色光团。

呼气时，将你心里的光送进他的心里。

这光代表了你的爱，以及你真正的联结。

吸气时，召唤他心里的光重返你的心。

保持分享光芒的想象，继续吸入光芒，重新向他呼出光芒。

你会看见一个美丽的白色光圈在你和爱人之间来回延展。

约会冥想

另外，我设计的资料里还包括了约会冥想内容，能帮你将约会过程删繁就简。对于那些现在正在约会而没有确定关系的人来说，在约会前完成这段冥想很有用。它会在你走出家门前让你振奋精神，打开你的照明开关。请在接下来的30天里做约会冥想。

晚间冥想

在你睡前开始做晚间冥想。去想象你新的故事。想象你和一个自己非常喜欢的人约会。最重要的是，让这画面引领你进入一种积极的情绪中。在这样的冥想中静坐至少5分钟的时间。

散步冥想

带上你的新故事去散步。在你步行去工作、去健身，或是晚上出去散步的时候，想象着你所渴望的约会对象。让你的大脑带你去感受同这个优秀的人在一起时的感觉，去享受当下的感受。在街上边走边体验这感觉，你一定会开始变得有吸引力。

约会夜冥想

一旦你吸引到了一个不错的约会对象，一定要从中得到快乐。全身心地投入到对他的正面感受中，用以下的约会夜冥想方法作为你的指引。静坐至少5分钟时间。设想究竟你希望这个夜晚如何度过，从上出租车开始到晚安的吻别。吸气时念口诀，“我很放松”，呼气时默念，“我接收到了”。带上这条口诀赴约，整晚默诵它。

写作ing

用进行时写作为自己写一纸神圣的契约，写下你决意投身新恋爱的方式。抛开你旧的行为，对爱形成新的看法。契约范例如下：

我，米歇尔，愿意改变我的恋爱模式。我决意将伴侣与生活中所爱的其他人、事、物平等看待。我许诺不将他当做偶像，尊重他内在的伟大而非外在框架。我原谅小我错觉中的自己和他。从今以后，我决意将我的恋爱错觉转变为神圣的爱。

签名

米歇尔

在30天里，每天睡前重读一遍这张契约。让它轻轻地提醒你要献身神圣的感情关系，放开“特别的爱”。

接下来的这一章，旨在通过攀登进行时等式进一步增进你的平和感。深呼吸一下，准备好攀登吧！

不要试图改变世界，要去改变你对世界的想法。

——《奇迹课程》

E R

攀登ING：翻过自我设限的大山

SIX

劳伦的闹钟在早晨7点被按停了。她又小睡了10分钟。这段小睡没什么作用，因为她的脑袋已经紧张地忙碌起来了。在她睁开眼面对新一天的几秒钟里，她的小我就开始对她胡言乱语。小我说她又胖又懒，没有在6点起床上健身房。然后，她躺在床上，抓过手机查看，却发现她喜欢的男人没有回短信。为了逃避被拒绝的痛苦，她立刻翻看了电子邮件。看到昨晚11点有一封老板发来的邮件，一阵恐惧感涌上心头。这封邮件里列出了接下来的一周内对她的命令和期望，威胁的口吻即便是通过网络也清晰可感。

她试图逃避这份恐惧感，又努力合上眼睡了10分钟。这根本就没有用，她的脑袋在转动。小我的想法一下子涌了进来，“这个男人再也不会回我电话了。对他来说，我不够瘦。我很糟糕，因为我懒得都不愿意挪动屁股，也不愿意去健身房健身。呃，我又重了10磅。我现在到底还能穿什么？没有一条裤子合身了！啊，闹钟又响了！7：15了！必须得起来了。我不能再迟到，不然就会被辞退。”劳伦准备好了承认失败，起身面对真正的忙碌生活。她翻身起床，踉踉跄跄地跑进浴室，却发现室友在淋浴间里洗得正欢。劳伦火冒三丈，她“礼貌地”问室友还要洗多久。劳伦的语气可能听起来很柔和，但是请求背后的情绪和想法却远非如此。室友答道，“我还有一会儿。我才刚进来，而且还得刮腿毛。”劳伦觉得自己就快爆发了。

为了转换情绪，她打开了广播听新闻。这是个坏主意。她边穿衣服边听，只能听见闷闷的新闻播报声，谈论着国家的经济不景气、紧急财政援助，以及失业人数。播音员将劳伦卷入小我恐惧的龙卷风之中，她恐惧于当前的工作环境。她开始烦恼自己必须付出多少努力，烦恼自己正不顾一切地抓住现在的工作。恐惧的念头将她调到了冲锋模式。她意识到不能浪费时间了，要是再迟到，老板会大发雷霆的。“不洗澡了”，她边想边多涂了些止汗剂。慌忙准备之中，她把连裤袜给撕破了。

她找不到别的干净裤袜，于是跑去从没洗的衣服里翻出昨天穿过的长袜套上。“生活真糟透了”，她喘着气说。她冲出家门，跑过面包店，故意不买早餐，而是去星巴克匆匆买了特大杯的咖啡，继续奔去上班。跑到办公室的时候，因为空腹喝下一大杯咖啡，她浑身都在发抖。

离上班时间还剩五分钟，她想平静一下，从手提包里摸出一支烟来抽。她吸着尼古丁，脑袋又开始打转了。她反复想了四五遍待办事宜，只为了阻止小我提醒她想起那个男人再也不会回她短信了。

时间渐渐过去，情况并没有好转。实际上事态更糟。她一走进办公室，老板就开始吼叫着朝她发号施令。老板负面的语气使得劳伦越发恐惧会丢了这份工作。所以她一整天都感觉紧张而焦虑。这些恐惧的想法和感觉导致她犯了很多严重的错误，最大的错误是把一条本来要发给朋友的聊天消息错发给了老板。显然，这条消息是对老板的不堪入耳的评论。老板看了劳伦的消息后怒不可遏，在整个办公室的同事面前翻脸大骂，当场解雇了她。

这一连串的事——很幸运地——使劳伦跌到了谷底，等候多时的这一刻终于来临。有时候，要等到外部世界同我们内在的混乱共同产生影响，我们才能够做出必要的改变。劳伦的情况就是这样。为了采取正确的行动来清理所有有害的思维模式，她必须得失去工作。后来她来到了我的辅导课上。第一次会面时，我温和地问她："你怎么了？"她的泪水涌上眼眶，答道："不知道。我一天比一天感觉糟糕。我的体重重了好多。我丢了工作。没有男人喜欢我。我妈妈盯着我要找个男人，爸爸逼我找新工作。我也看不到什么事情有好转。我现在完全是一团糟！"我回答她说："祝贺你，我的朋友，你成功到达了正确的地方。"我用典型的"进行时女孩"的说话方式鼓励她，"你已经到了谷底，这就表示不会再往下掉了。从此你只会不断上升！"

对劳伦来说，她混乱的生活状况是面镜子，映射出她头脑中的混乱。"我只为我的想法所影响"，《课程》这样说。劳伦的头脑困在小我的龙卷风里，所以她的能量也被吸了进去。她的负面想法转化成为负面能量，造成了不幸的局面。劳伦并不知道是她的想法造成了这样的局面。要解决，就得采取一些必要的步骤来克服她现在的想法，让她可以从一个全然不同的角度看待世界。而且，劳伦也是时候该改变她的思维方式了。如果她选择保持“我很糟，我出不来”这样的心态，那么她就会继续受困，无路可走。为了让她走向新的思维方式，我为她准备了攀登进行时训练。如果你决心要克服消极思维模式、改变生活，我也为你准备了同样的训练。

这一章的重点，是告诉你克服消极思维模式，学会从一个更高、更积极的视角看待生活的重要性。我将阐释为什么攀登是一种很理想的进行时活动，它可以帮助我们理解究竟怎样到达更高层面的积极思维。并且，你将学会怎样通过攀登走出小我，得到最高自我的思维。此外，你可以鸟瞰充满了积极思维的生活是何种面貌。最后，我会请你跟随我，通过行动进行时等式，走向新的思维高度。

想法如何影响能量

你的想法会制造能量。我要讲一个也许对你来说比较新的概念，但是它完全可以解释这一观点。这个概念就是应用运动机能学，也称“肌力测试”，它由乔治·古德哈特博士首创。自我发展领域的国际知名作家、演说家韦恩·戴尔（进行时女孩最爱的大师之一）详尽地解释了这一概念，他说，“每个想法背后都有能量”。根据应用运动机能学原理，当你有更高的意念之时，比如爱、善良、喜悦，你的能量也会变强。然而，当你的意念专注于较低层的情感，如悲伤、恐惧、愤怒，你的能量就会削弱。

为了在我的讲座中直观地证明这个概念，我常会从观众中邀请一位勇敢者来充当我的人体直观教具。我会请她水平地伸出手臂，然后我把她的手臂用力往下压，请她抵抗住坚持不动。在我压她手臂之前，我会先请她想一些正面的、充满爱的事。然后，当我压她手臂的时候，她就会有强大的力量，抵抗住我的压力，使手臂保持不动。接下去，我会请她想一些让她恐惧或不安的事情。这之后，当我再施压，她的手臂变得无力，落到身侧。这个测试有力地用肢体证明了想法是如何激发能量的。当志愿者抱着快乐的想法和当她消极思维时，两者产生的力量有天壤之别。在她转换想法的几秒钟里，她的能量从强而有力转变为绵软无力。

而且，你的想法影响的不只是自己的能量。所有的想法都会使外部的能量发生转变。消极的想法是有毒害的，它们会向宇宙传送污秽的心灵感应。这些感应会被你周围的所有人吸收。这是宇宙吸引力法则的概念，它告诉我们“同类相吸”。这条原理说的是，你的低层感应会被其他的低层感应吸引。（低层感应类似于消极想法。）积极的感应同理。积极的想法会产生更强大的能量，从而吸引更多积极的体验。

许多人没有意识到自己的吸引力，因此穷尽一生，对于消极想法如何影响自身仍一无所知。想想看，你肯定认识一些永远在苦恼的人。这种类型的人，他们苦恼的状态会不断地引来更多苦恼之事。某个充满了苦恼的日子里，没准他们会在路边绊倒摔断腿。这表明，过多的烦恼促使能量转化成狂躁，使得他们行走过快而摔倒。苦恼即是祈求混乱。当你的头脑陷于混乱的模式，你将体验到的也都是混乱。较高层想法的力量与较低层想法的软弱之间差别巨大，就劳伦的情况而言，是下班时和没有工作时的区别。

征服消极思维的高山

生活由消极思维统治，进而产生出许多负面的经历，这样的生活可一点也不好玩。为此我设计了攀登进行时等式，它会指引你有意识地选择充满力量的、快乐的想法，从而得到美好的结果。小我常常从自卑感里冒出来；而当你攀登的时候，你会从低微处出发，努力将自己往上提升。

在攀登进行时等式里，你攀登的目标是一个更高自我的意念，你内心指引的声音激励着它。从消极思维模式中攀爬出来需要力量与献身精神。有了改变的意愿和攀登的勇气，你就可以反抗小我的重力作用，到达更高的自我。你的目标是把自己的意念提升到比小我更高的高度。每一天你的小我都在等待着用力把你拖到它所在的高度。因此，要接受“进步，而非完美”的态度，如果你发现自己往下掉了一点儿，不要焦急——只要拍拍身上的灰尘，把自己往上提起，继续攀登。

山顶的视野

要想向更高的自我攀登，那就需要永远地改变你的信念。当你相信自己的生活振作了起来，那么所有的事就真的会振作起来！

如果你下决定开始转变想法，那就准备好迎接丰盛的结果吧。当你的意念与爱相结合，它们会激发良好的心灵感应。当你的感应与好的事物相结合，就百分之百会吸引好事来临。比如劳伦开始实践攀登进行时等式之后，她混乱的思维模式就开始退却了。她很投入于这一等式，她的头脑平静了下来。她全新的、放松下来的意念使她拥有了更多冷静后的能量。她喜欢这种新的生活方式，她身边的人也同样喜欢。大家很快就发现了她的改变。劳伦到达了想法与能力的新高度，从而成功地得到了一份新工作。而最好的事情是，她不再身陷生活不可避免的挑战之中，而是学会拥抱它们，把它们当做成长的机遇。

向新的想法攀登

这一章的进行时等式和之前一样由反思进行时开始。我将引导你学会一些方法，来帮助你攀爬出消极思维模式，攀向更有力量的信念。接下来你要附加上攀岩运动，让你的身体体会到达幸福的高度的感觉。（像以前一样，我还会建议一些别的活动以供选择。有很多活动的肢体挑战和精神作用都与攀岩相类似。像攀岩一样，这些活动也会让你将自己的身体向上提升。）然后我将引导你进行冥想，通过克服你的消极想法，把它们转化成更高的自爱的意念，来进一步帮助你的精神调整。为了接收前进的指引，最后要通过进行时写作，写下你所追求的更高、更积极的心境中的全新的信念体系。

在你开始攀登之前，花点时间评估你的思维模式。为此，问问自己如下问题：“你是否感觉身陷苦恼的思维模式中？比方说，你是否不断地查看喜欢的人的社交网站主页？你是否烦恼昨晚吃了什么？你是否不断地将自己和别人作比较？你的消极想法是否在生活中繁殖出更多负面之事？你是否什么事都想太多？”

攀登进行时等式：30天通往更高的意念

步骤一：反思ing

为什么要再浪费时间进行消极思考呢？让我们清理疯狂，为你的“进行时”腾出空间。转换头脑是进行时活动的关键所在，不可轻视。在这里，转换头脑是指从把你带到低处的意念中攀爬而出，将它们替换成会把你提升到新高度的意念。反思进行时攀登一开始，让我们使用一种我称为“3R”的方法——意识、记录、释放（Recognize，Record，Release）。

在意识阶段，请用一条橡皮筋箍住手腕。这条橡皮筋是你用来轻轻地提醒自己转变思维的工具。每当你的小我出来行动，就用橡皮筋弹一下手臂。每次弹橡皮筋，你就会意识到消极的想法或者令自己不安的感受了。接下来是记录阶段。取出纸，写下“当我听到小我说____________________时，我阻碍了自己。”在空格里填上当时阻碍你追求幸福的小我的错误观念。以劳伦的记录为例，她在记录阶段是这样写的：“当我听到小我说‘我太胖了’时，我阻碍了自己。”，以及“当我听到小我说‘我找不到新工作’时，我阻碍了自己。”

最后，来到第三阶段：释放。深呼吸，当你的小我开始制造讨厌的错觉时，感受当下出现的感觉。让自己自然地感受90秒。要记住，你所有的过度思考都只是在思考未痊愈的感觉。让感觉流经你的身体，接受它本来的样子。呼气时，将感觉向宇宙释放。在脑中说，“我选择爱，我释放恐惧。我迎接观念的转变。”

你将“3R”法的过程重复越多遍，就越容易找出小我的力量。在埃克哈特·托利的《当下的力量》一书中，他将意识到小我的过程描述为“目睹思考者”。当你目睹小我，你就能当场阻止它。通过记录它的错觉，你就脱离了小我的噩梦。你“目睹了思考者”，在释放阶段，你将光芒撒向黑暗，挣脱了它的控制。这一训练将引导你与小我脱离，甚至还可以让你开始用不同的眼光看待自己。把自己从黑暗中拖出来需要不屈不挠的努力，但绝对值得去做。《课程》说，“随着思考者转换头脑，会发生根本性的改变。”

有另一样工具可以让你用于反思进行时步骤，我喜欢把它叫做“积极思考之梯”。基本上，每当一个消极的念头穿过你的头脑，你只要爬上梯子，让“进行时”的积极想法指引你。当你一发现消极的情绪时，即可开始攀登。这一技巧非常简单。通过说服自己进入积极思考，你真的会从恐惧产生的念头里攀向更高的意念。举例来说：安娜发现自己感觉不安，她意识到自己的意念在说，“你今天吃得太多了，你看起来很胖。”安娜没有掉进恐惧的洞穴，没有在当天控制食量，她决定要攀登。她积极地争取更好的想法，诸如："我想吃什么就吃什么，这没什么，因为我昨晚运动过了，我觉得这很好。今天晚些时候我可以上健身房，晚饭美美地吃上一盘健康的色拉。不必每次多吃了东西就心烦。我意识到这些想法只是我的小我，我选择相信自己是健康、美丽的。"

接下来的30天，每天使用"3R"法和积极思考之梯。我自己也仍需要每天进行这两项练习，来保持和"进行时"的联结。你的消极想法一定会时不时地回来，但是要知道你的口袋里有两个强大的工具，它们会在任何特定的时刻帮助你爬出小我的幻想。

步骤二：反思ing+行动ing

使用反思进行时的工具行动起来，这能促进你精神的攀登。最适合攀登进行时的活动之一就是攀岩，现在在岩壁上或者在你家附近的健身房里都能进行这项运动。我的好友伊凡·格林是个攀岩高手。他从1980年代末就开始攀岩，与人合著了一本权威性的攀登运动指南书——《沙湾汉克斯峡谷攀岩》。伊凡说，"攀岩是忘却烦恼的最好方法。让意念为你效劳，别让它牵着你走。”攀登时会有自我存在的喜悦感。这正是这门艺术的本质，是超越限制性意念、超越预设可能性的能力——预设的想法诸如“我太矮了”“我太软弱”“我太重、太胖”“我以前从没做过这件事”“那道墙太高了”，攀岩能帮助你，让所有这些消极的想法住嘴。

我曾经和伊凡在纽约切尔西码头的岩壁上攀过岩。在他的带领下，我怀着清理头脑、到达新高度的目的来到岩壁下。刚开始攀登时，我的内心充满了恐惧。我不仅害怕将要攀爬的高度，而且对那天小我所残留的恐惧紧抓不放。那天我和一个朋友吵了一架，小我使我对这件事耿耿于怀。我害怕与朋友不会和好，害怕我们对对方的怨恨不会消除。当我开始攀登的时候，我下定决心，每向上一步，就要争取更好的意念。随着身体的步步向上，对于那位朋友我有了一种更好的新想法。当我在岩壁上越攀越高，我想象自己离小我越来越远。直至到达顶端时，我不仅感到攀登让我精神振奋，而且完全改变了我对朋友的想法。我一回到地面就即刻给她打电话道了歉。

另一种能帮助“进行时”带你远离小我的肢体活动是爬山。我试过许多次带上小我去爬山。在山川丘陵脚下，我立志要获得更高的意念。当我往上爬的时候，每迈出一步，我都将自己的意念提升到更高的高度。无论是在身体上还是在精神上，我都随着攀登得到了更佳的感受，进入了更高的自我。当我到达山顶时，感觉非常之好。我感到了全身心的释放。我成功地靠着攀登，走进了一种新的思维方式，得以欣赏山顶的风光。（其他可供运用的活动包括踩台阶机，或者在斜坡上踩踏步机等。）

步骤三：接收ing

冥想ing

要爬出自我、接收内心指引的更高意念，冥想是最重要的方法。为了加强攀登进行时冥想的效果，我建议配上一些音乐。只要播上一首你喜爱的欢快的乐曲，配着音乐静坐冥想。让音乐指引你走出自我，回归喜悦。若要更深入一步，你可以建一个“正面感知”曲目单，把让你感觉良好的歌曲汇集起来。我的正面感知曲目单有史蒂夫·汪德的《迷信》、白蛇乐队的《我又来了》、萨拉·麦克拉克伦的《平凡的奇迹》等。到你收藏的音乐里好好找找，建一个正面感知曲目单吧。当你意识到小我将你钳制住的时候，你可以马上播放这些曲目，随音乐开始冥想。

请让我引导你进一步攀登，通过冥想从小我攀向更高自我的内心指引。

闭上双眼，深吸一口气，慢慢地呼气。

想象自己在山脚下。

当你抬头仰望，看到山顶上闪耀着美丽的光。

你决定朝向这光芒攀登。

这光芒代表了更高层次的意念。

随着你迈出的每一步，你距离更高意念之光越来越近。

吸气——我决定争取更好的意念。

呼气——我将攀离黑暗，攀向光的高度。

吸气——我具有攀登的勇气。

随着高度的上升，你感到越来越轻盈，因为你越来越远离小我的幻想。

呼气——我登向高处，得到了更高的意念。

吸气——我被引向光芒。

呼气——我到达高处，释放小我。

吸气——我迎来山顶，抛开低层的意念。

当你到达山顶，感受扑面而来的释放感。

我决定改变视角。

我选择爱，抛却恐惧。

我头脑清澈，我接受奇迹。

站在山巅看自己，俯瞰旧的风景，陶醉在更高层世界的视野里。

写作ing

接在每一项攀登进行时活动之后，我建议你立刻进入攀登进行时写作。尽可能延长你在进行时地带内的时间，将你更高层次的想法付诸笔端。在攀登进行时活动后写下你新的想法，你就在潜意识里刻上了新的思维方法。

为了进一步加深这些转变过后的想法，请一整天都使用攀登进行时写作的方法。我的建议是，在接下来的30天里随身带一本小笔记本。用这本笔记本来实践“3R”法，以帮助你的“意识流”攀登进行时写作。

如果你准备好了要登上更高的高度，我建议30天里坚持在清晨写作。清晨是整理头脑、开始攀登的最佳时间。著有《艺术之道》一书的世界知名灵性转化书作家朱莉娅·卡梅隆创造了一项著名的修行，叫做“晨起记录”。在这一部分，我设计了“进行时女孩”版本的晨起记录，以提供给你一项灵性转化工具。清晨是你的头脑最为敏感的时候，因此也是小我打击你的最有利的时机。别再用混乱的思维开启新的一天了，按掉闹钟就即刻开始攀登吧。用进行时写作攀登。在床边放一本笔记本，进行时写作10分钟。让你的小我倾泻于纸上，释放所有负面的想法。当你体验到释放感之后，继续用进行时写作登上一个提高的层面，争取越来越高的意念。

每一天都是一个新的机会，让你朝着更好的生活攀登。别担心昨天的事，别担心明天会发生什么。只要专注于眼前的攀登，向着顶端前进。

我希望你已经在“进行时”旅程中体验到一些重大的变化了。我的朋友，你知道吗，这才刚开始呢！在瑜伽垫上坐好，下一个等式会让你向更远处“伸展”。

C H A P

开始觉醒的你仍知晓梦境，尚未将其遗忘。

——《奇迹课程》

我们最深的恐惧并不是自己的不足。我们最深的恐惧是我们无可估量的力量。最使我们惊恐的，并非我们的黑暗，而是我们的光明。我们问自己，我怎么可能聪明、美丽、有才华、有名气呢？事实上，为什么不可能？你是上帝的孩子。

你的妄自菲薄对世界无所助益。

——玛丽安娜·威廉森《发现真爱》

E R

伸展ING：我与我周旋久——超越我

SEVEN

玛丽在集体辅导课上安静地坐着。显然有什么事困扰着她。她没什么活力，看起来闷闷不乐。我在房间里转了一圈，一一询问每个人的状况，我知道等走到玛丽面前，她也一定会开口的。在这4个月里，我一直在训练这一组人，他们已经体验到了不少奇迹。尤其是玛丽，她真的相当努力。她是个优秀的“进行时”学员，问的问题都很好，完成了所有的“进行时”作业，勤奋而坚持，在生活中做出了真正的改变。而后来，就像预见的那样，她的小我使她从云端跌落。当我绕着圆桌最后来到玛丽面前时，我问她发生什么事了。她回答说，“加布，我也不清楚，我自始至终都在做着‘进行时’修行，已经到达了一个感觉良好的程度，但不知怎么的，小我开始使我低落。现在我又感到不知所措了。”我让玛丽做一下深呼吸。我告诉她这完全正常，像这样的情况我已见过无数次了。

玛丽的这种情况，我称之为“小我对抗”。小我对抗有点像是在“进行时”旅程中旧瘾复发。玛丽的小我，它的黑暗无法在“进行时”的光明中存活。玛丽与她的“进行时”的联结，使她从小我对他人及对自己的怨恨中解脱了出来。就像《课程》里说的那样，“小我不带着偏见就无法存活。”这是好事。而不好的是，当玛丽的“进行时”开始发动战役，小我一听到风声，便会加速反击。《课程》说，小我“在最好的情况下是多疑的，最坏的情况下是邪恶的”。如果小我感觉到你的意念在往上攀登，就会立刻把你向下拽。即使在你睡觉时，小我也是精力充沛的。

不足为奇的是，玛丽并不是唯一一个面临小我对抗的人。当她与大家分享了自己的挣扎后，其他人也谈起了自己的经历。凯利对大家说，她一直潜心与“进行时”联结，直到开始了一段感情。进入这段感情以后，小我占据了优势，充分利用了她的恋爱错觉，勾起了她旧时的恐惧。然后爱丽莎开口了。她完全投身于自己的“进行时”，甚至向朋友们大声宣布自己不再妄自菲薄了。然而，此话一出不过一个礼拜，小我带着令她恐惧的话语突然出现。爱丽莎以前所有的焦虑感又涌了回来，又开始有这样的想法，“我的收入还这么不稳定，面对别人还有这么多恐惧感，怎么能够妄自尊大呢？我在自欺欺人。”爱丽莎说完后，圆桌上又有几位学员开始倾诉她们遇到的小我对抗的经历。我提醒她们这是完全正常的，让她们先平静下来。

我接着说，在我自己早期的“进行时”修行中，也曾经历过一次小我对抗。当我第一次接受“进行时”修行的时候，我愿意做任何事情去让自己感觉良好。像玛丽一样，我是个优秀的“进行时”学员，一路朝着巨大的云端行进。但是3个月之后，事情发生了转变。我的负面想法开始偷偷地回来了。旧的情感模式抬起了它们讨人厌的脑袋。当小我又溜回来的时候，我觉得仿佛自己所有的努力都付诸东流了。小我的恐惧开始围绕在我耳朵边，不容忽视。

这让我心烦意乱，不得不寻求帮助。于是我打电话给我的一位叫埃莉卡的导师。当我告诉她我的情况之后，她笑了。

她说，“我料到你会打这个电话的。往往事情开始好转时，我们就不会再那么努力了。这会让小我悄悄地溜回来。所以当事态好转，最好是要越发努力才对。记住，用功才会有用。”埃莉卡还教导我说，每当我在“进行时”修行中有所松懈，生活就会变得更难驾驭。天啊，她说得真没错！每次我交了新男友，与我的“进行时”失去了联系，我就总会把他当做偶像，结果这段感情就会失败。然后我往往才跑回去做“进行时”训练。一旦我停止了每天常规的“进行时”修行，就立刻感觉到小我又鬼鬼祟祟地回来了。“鬼鬼祟祟”是个关键词。鬼祟的小我总会狡猾地找到方法抵抗你的“进行时”之光。

在这一章，我将引导你认识小我为了爬回来所用到的一些最狡猾的伎俩。然后我会说明你该如何加紧“进行时”训练来应对这些伎俩。我还会介绍最适用于战胜小我对抗的“进行时”活动——伸展进行时。最后，我会带领你完成伸展进行时等式，我保证这将使小我的一堆伎俩无所遁形，让你的意念回归爱。

鬼祟小我的伎俩

你的小我与你周旋了这么多年，最终你听到的只有它的声音。小我把你塞进一个箱子，在那里，你唯有活在恐惧中妄自菲薄才感到安全。所以，每当你踏出箱子，将光芒照向黑暗时，小我就吓坏了，于是变本加厉地上演它的伎俩。书读到此处，你已经召唤过“进行时”之光了，而如你预料的那样，小我会竭尽全力熄灭光芒。记住，小我的黑暗在你内心指引的光明中无法存活。所以当光慢慢变亮，小我会极度不安，千方百计地要熄灭它。《课程》中对小我的反击有过描述，以下是“进行时女孩”的诠释。

伎俩一：重提旧时的恐惧

小我对光明最常用的回应之一，就是说上大量恐惧的话语。当你加强了与“进行时”的联系，小我会重提你过去恐惧的事情来减弱光亮。小我会攥住恐惧不放，对人的恐惧，对金钱、爱情、自我形象、独处的恐惧，不一而足。它还会用这样的警告来奚落你，“这幸福不可能长久。”“这段感情太美好了，不可能是真的。”“你最好找份工作，忘了那些创业的念头。”“和那个伤害你的男人重修旧好，因为你可能找不到别的男人了。”

伎俩二：内疚

向小我的对抗妥协总会让你产生内疚感。你之所以会感觉到这种内疚，是因为你背弃了“进行时”，因而受到了小我令人恐惧的袭击。无论你是否清楚这件事，你都会感觉到背弃“进行时”仿佛是对它犯下了罪行。然后不知不觉中，对于自己的那些不好的感觉和信念，就反映出了负面的想法。于是一种包含了自卑、内疚、自惭形秽的感觉就引你进入自我破坏的模式。小我会让你相信，由于你在这短短一秒钟拒绝接收“进行时”，你就已经与光明完全失联，旅程中止了，现在你别无选择，只有再次向小我的黑暗投降。你的负面想法逐渐加深，重新将你击溃。

举例来说，珍妮弗只是几天没有节食，她的小我就叫她吃下一整张比萨饼。小我对她说，“哎，你失败了。节食结束了，去大吃一顿吧！”节食失败的内疚感促使她自暴自弃。讲得更清楚一些，她的内疚并不是真的来自节食本身，她之所以会在潜意识中感到内疚，其实是因为她拒绝了“进行时”温和的声音。她的小我抓住最小的失误，将其放大，使她进一步远离了“进行时”。她距“进行时”越远，就越感到内疚，因为她已经脱离了内心的指引。

伎俩三：抗拒

你因为背弃“进行时”而被留在焦虑和内疚中，此时你唯有回去向小我求援。小我让你相信，单靠抗拒就可以从这种内疚感中“得救”。小我为了存活，它就得使你信服你的“进行时”不是真实的，你必须抗拒内疚感，而非丢弃它。（你要记得，你感到内疚是因为你选择了小我，而没有选择“进行时”。）如果你设法去解决这种内疚感，你就会回归“进行时”。因此，小我就会为你的内疚寻找借口。以珍妮弗的事例而言，她的小我以她没有严格节食为借口，把她拖回了以前暴饮暴食的习惯之中。我时常听到约翰·阿萨拉夫——畅销书《全然拥有》的作者——将“借口”解释成“合理的谎言”。他说得很对！小我总是告诉你一堆看似合理的谎言，不让你靠近光明。

伎俩四：攻击

最后，当小我说服你抗拒因脱离“进行时”而产生的内疚感之后，它会进一步施展伎俩。小我会将你的内疚向他人投射。这是个卑劣的伎俩，小我没有向内寻求宽慰，而是把你的内疚投向别人。这就是《课程》所说的“戏法”。小我觉得，如果我们将自己的内疚投射于他人，不知不觉地把内疚置于身外，我们就会“变戏法”似的从中解脱。就在这时候我们进入了攻击模式。小我会开始攻击别人，以此来破坏你的幸福。小我还会把攻击伪装成保护的样子。这些攻击只会把你自身的恐惧投射于世界，让你留在黑暗之中。珍妮弗的情况是，她多吃了一张比萨而产生了内疚感，小我通过将内疚投向她饮食非常健康的朋友，从而来抗拒这内疚感。小我说，“她是个发了疯的素食者，吃东西从来没有任何乐趣。我今晚可不要邀她去吃饭。”

另外，小我也会攻击你。小我对你的认知是，你缺乏爱心又不懂原谅。因此，当你把任何爱的念头带入生活，你的小我就会变得“多疑而邪恶”，继而展开攻击。攻击可能会以这样的念头开展："你不能爱你的妈妈，她完全毁了你的生活。"这致使你觉得选择去爱是错误的，因为这不同于小我的认知。小我为了躲避光明，会向任何事、任何人发动攻击。

诡计概述

总括起来，我用"进行时女孩"的方式将这些诡计再分解一次。你在前六章里所做的努力已经向小我的黑暗投去光明。你决定随"进行时"思考，抛弃小我，于是生活变得更好了。然后，小我不出所料地惊慌起来，因为它知道它无法在你的"进行时"之光里存活。这时，小我变本加厉地对你说那些讨厌的、会让你恐惧的话语。这些话语让你胆战心惊，还可能让你遵循小我的指挥行动。然后你感到愈发惊慌，因为你知道自己站在了小我这一边，已经把"进行时"推开了。这时小我明白你背弃"进行时"感觉内疚，这内疚会致使你背对光明。因此小我"变戏法"般将你的负面感受向他人投射，让你抗拒脱离"进行时"而产生的这种感觉。于是你进入攻击模式，把你所有的恐惧投向他人，而没有让"进行时"来清理恐惧。小我驱使你用自己的恐惧攻击别人，这样它才可以继续把你关在箱子里，让你恐惧而自卑地活着。这种攻击没有让“进行时”帮忙清理，而是让恐惧之事持续。到此时，你又被吸入小我的黑洞中，隔绝了内心指引本将带你走出黑暗的光亮。

加紧“进行时”修行

现在你已经识破了小我的伎俩，更清楚为什么加紧“进行时”修行很重要了。你需要跨越小我的恐惧，迎接更多光芒。我明白你生活忙碌，忙于工作，忙于与朋友交往等。但是请记住，小我无法在光明里存活，你每天都要保持“进行时”修行，生活才会更轻松地流淌。

即便是“进行时女孩”，也从未停止“进行时”的步伐。精通“进行时”之道并不表示我已经完成修行。如果我今天不再与我的“进行时”联结，我一定会感觉非常内疚，生活会令我惊恐慌乱。我把工作、感情、金钱，或别的什么置于“进行时”之前的日子里，生活就不再自如地流淌。我已经完成了所有的进行时等式，现在我会交替使用它们。有时候我每天使用不同的等式，有时候则会全面重温30天的训练，来改善生活的某一特定领域。

比如上个月，我练习了30天的感觉进行时等式。我想要发现一些自己尚未处理的新问题，所以决定花30天时间来感受，继续释放的旅程。有时候，如果需要放开什么人或事，我可能就会用整整30天做原谅进行时等式。大部分情况下，我会根据每天不同的情况来选择进行时等式。为了保持“进行时”，我的一天基本上是这样安排的：一天伊始，先做20分钟冥想，接着做一小时的肢体活动（跑步、跳舞、溜冰、蹦床等）。早上8点我来到书桌前坐下。我一整天都会练习“原谅”这个词，原谅我所见的每一个人。我原谅在街上不小心撞到我的女士，原谅没有笑容的银行柜员，原谅不回电话的朋友。最重要的是，我原谅一天之中自己与“进行时”脱离时所做的不应做的举动。

另外，我时刻都会检查自己的意念。如果有恐慌感出现，我会静坐90秒钟，查探自己的“进行时”，观察内心发生的状况。我会研究这种感觉，而不会试图将它推开。当感觉缓和后，我就开始攀登进行时。我会使用“3R”法从污浊的想法中爬出来，或者再次静坐冥想。最后在晚上，我会舒舒服服地捧上一本书看。这时候我会念一些祈祷词，感谢宇宙又一天与我同在。我进行时写作20分钟的时间，然后上床睡觉。我经常会在凌晨三四点之间醒来。此时我会利用清澈的头脑，坐在床上进行冥想。这种时候会有些神奇的事情发生。在静坐时，美丽的意念会淌过身体。然后我再完成一些进行时写作。清晨这短短几小时的时间里，会有许多强大的新想法来临。

伸展ing

我并不期望每一个人都投入进来，像我一样致力于“进行时”修行。但是我真挚地建议你花点时间让你的训练有所进展。这就是为什么我设计了伸展进行时等式来帮助你。这个等式需要你在精神与身体上作进一步伸展。我把它命名为伸展进行时等式，是因为当你拉伸身体时，你让肌肉从原来静止的地方伸展开来。当你做伸展运动时，你的身体会有一种实在的感觉——“噢，这真痛！”随后，伸展的身体部位会感到刺痛而焕发活力，因为血液流通了，它得到了氧气。就像你伸展肌肉一样，当你将“进行时”修行从原本感到适宜的程度上再做一些进步，你就能将头脑从痛苦和不安中拉伸开来，导入新的宽慰感。每当你从小我中伸展出来，你就在大脑中创造了一种新的模式，它告诉你“进行时”是有益的，小我是无益的。你在“进行时”的指引下伸展得越频繁，就会越远离小我。

伸展

在你开始伸展进行时等式之前，我要引导你检查一下小我正在哪些地方耍它的卑鄙伎俩。这将帮助你更深入地看清小我是如何抵挡你的光芒的。然后你将从一系列反思进行时修行开始做起，这会帮你把小我的诡计转化为奇迹。然后，为进一步支持这个等式，我在行动进行时部分引了一些最适合的故事，以及国内最资深的几个瑜伽师的访谈内容，他们会分享自身的经历，分享伸展进行时修行是如何指引他们越过小我的幻想，走进光明的。接下来是接收进行时部分，在这一部分你将进行精神伸展。冥想时间是进一步接近光明的时间。我写了新的口诀来协助你努力战胜恐惧而获得爱，战胜黑暗，获得光明。接收进行时将以进行时写作收尾。你有多投入“进行时”修行，你超越小我对抗的意愿有多强烈，都将在进行时写作阶段接收到真实的记录。

我想要求你超越自己的限制性信念，投身于又一轮30天的“进行时”进程。如果你一直在做“进行时”修行，我想你一路上已经经历过许多奇迹般的光明时刻了。不过现在该采取更多行动，在“进行时”的带领下，跨越旧生活通往新生活的桥梁。要相信你的“进行时”会点亮你前行的路途。跟着指引，伸展开去。

在你开始伸展进行时等式之前，先检查一下小我正在什么地方耍花招。做这一步的目的，是让你进一步看清小我是如何抵御你的光明的。“你从云端跌落了吗？你是否感到小我正试图溜回来？你是否发现自己的正面想法又转回了以前的旧观念？你是否又开始攻击那些你已经原谅了的人？你是否感到内疚？”

伸展进行时等式：30天超越小我的对抗

步骤一：反思ing

一开始先列出小我战胜你的领域，可能在感情上，可能在工作上，也可能在你和家人相处时，等等。要写得具体些。小我又在对你讲什么使你烦恼的新故事了？弄清楚小我引发你恐惧的地方。

打开你的照明开关

凯伦·莎曼松建议我用家里的电灯开关提醒自己点亮内心之光。我很喜欢这个主意，我在每个电灯开关上都贴了便条，提醒自己打开内心之光。

在你家的电灯开关上贴上便条吧，写上“我选择‘进行时’，抛弃小我。”或者“我点亮我的光。”每次你开灯时，问问自己，“今天我与内心指引是否好好地联结了？我的小我有没有捣乱？”每天用这一简单的举动激活内心之光。

下面的练习会帮助你随时超越小我。积极练习以下反思进行时步骤来保持光亮。用这些方法轻轻地提醒自己，你并非你的小我。

笑容

这是《课程》提供的方法。展露笑容表示我们不把小我的幻想当真。如果听从小我，我们就会在头脑中使幻想成真。为避免这情况，《课程》建议我们对小我“细微、疯狂的念头”淡淡一笑。还是用橡皮筋做工具，每次小我出来捣乱，就弹一下当做提醒，提醒自己笑对小我那些会造成错觉的恶作剧。这个方法会带领你进一步终止小我的活动。

赶走小我

小我常常会用对另一个人的可怕幻想来使你发疯，有时候让这些愚蠢的谎话浮出水面也很有趣。比如我曾经在脑中制造出了一整个故事，幻想我的男友如何对我不忠。我连续几个小时重复着这个故事。为了摆脱它，我尝试寻找奇迹，尝试大笑，尝试冥想。最终我从禅坐垫上起身，打电话给男友，赶走了小我。我告诉他自己编出来的荒唐故事，我们一起大笑，便摆脱了这件事。把你的光亮带出黑暗吧。

别再杞人忧天

对未来的错误想法是小我独有的。当你一心盯着未来，免不了会摔倒。一旦涉及到未来，小我总能相当轻易地找到使你恐惧的事。要记得，所有对未来的预测都是不存在的事情。当你发现自己为了未来的事失控时，深呼吸，大声说：“我在做我该做的事。”

微笑

当你的小我钳制住你的时候，请发出长长的“一”的声音，从中挣脱出来。这听起来很蠢，但是当你发出这个声音的时候，你会不由自主地微笑。微笑会引起真心的笑容，而笑容会向小我投去光芒。只需要简单地笑一笑。

- 寻找奇迹：微笑过后，要向内心指引寻求帮助，进一步脱离小我。你只要大声说出：“我决定用不同的观点来看待这件事。我请求宇宙指引我转变观念。”
- 再次原谅：鉴于小我感受到威胁时喜欢攻击他人，你最好保持原谅他人的训练。每天记录下你的小我批评过什么人（包括你自己）。晚上，回顾一遍你攻击过的人的名单，念出宽恕的祈祷词，来释放这些想法和行为。你只需大声地说：“我决定原谅这个人，因为我知道我的攻击仅仅是小我的投射。”为更好地抵御小我的攻击策略，请时刻牢记，要原谅别人和自己。

与人为善

走出黑暗、回到光明的最好的方式之一，就是与人为善。帮助他人能直接让你忘掉困扰，离开小我狡猾的、逐渐加深的恐惧感。与人为善，将爱带给别人，你便会增强内心的光亮。要帮助别人很简单，比如打个电话去关心朋友，或是搀扶老人过马路。

“进行时”口诀

随时将小我编造出的狡猾的故事，用别的方式重新讲述，默念口诀“我超越小我的诡计，我选择爱，战胜恐惧”，一整天诵读这句口诀。下一步就是边念口诀边伸展肢体。

步骤二：反思ing+行动ing

现在带上新的口诀，来做一些伸展运动吧。你可以带着这句口诀去上瑜伽课或普拉提课，也可以带着它上公园去稍稍舒展筋骨。用你的肢体来加强你的意念，用伸展运动来超越限制性信念。伸展活动加上肯定想法所产生的力量，是在向宇宙宣布你愿意走得更远。让肯定想法指引你超越感情上与身体上所有的不适之处。

为了进一步解释肢体伸展训练如何增强精神伸展，为寻求建议，我拜访了美国最资深的瑜伽师之一——我的好友拉萨姆·托马斯，“Tender Shoots Wellness”健康训练创始人。拉萨姆说，“当我们在瑜伽垫上伸展身体，延伸开来，疏通身体的各个部位时，我们也在伸展意识，头脑得到了扩展，继而心灵也得到了扩展。这就是为什么做瑜伽对这么多人有效果，瑜伽使你的肢体极力伸展，同时也移除了阻碍你成长的障碍物。”我拜访的另一位权威的瑜伽师是我的朋友罗夫·盖茨。罗夫建议用练习瑜伽来使生活的各个方面向前伸展。罗夫说，“与退回恐惧相反的，就是带着信仰向前迈进。”

步骤三：接收ing

冥想ing

在伸展运动之后，立刻做伸展进行时冥想。花10分钟时间，带着肯定想法伸展你的思想，“我超越小我，我选择爱而战胜恐惧，我选择爱。”然后呼气，“我释放恐惧。”

写作ing

紧接着冥想，开始进行时写作。通过额外延长5分钟进行时写作的时间来伸展自己。只需写下你当下的任何感觉。尽可能写久一些，使所有由小我驱使的意念转变为爱。

现在你明白了，你总会战胜小我对抗，回归“进行时”的，希望这能让你感到轻松一些。每一个时刻都是一张白纸，都是一个机会，让你抛却恐惧，向爱伸展。记住，“用功才会有用”！

现在你已经掌握了一些重要的“进行时”修行方法，那么重头戏要来了。走进“电话亭”，系上披风，为“量子跃迁进行时”做好准备。

全心向往的那一刻，你便记得一切。

——《奇迹课程》

跃迁 ING：燃烧吧，我的小宇宙

EIGHT

人们常说，改变需要时间。的确，大部分改变需要日复一日的努力。但有时候，生活的重大改变也可能发生在一夜之间。这种顷刻间的改变会发生在那些真正愿意迎接改变的人身上，有时这样的情况叫做“量子跃迁”。在重要的时刻发生量子跃迁，它会让你对于自己是谁、自己能做什么的观点发生改变。量子时刻实际上是改造你自己的机会。把它们想成是生命的“电话亭时刻”。在量子时刻，古怪的克拉克·肯特在附近的电话亭里变身，“砰”的一声，他穿上披风飞翔起来，变成了勇猛的超级英雄。

然而在这样的时刻，你的周围不一定会发生什么大事，因为转变发生于内在。比方说，可能某个人本来觉得自己高度紧张，在那一瞬间，突然决定用更闲散的态度生活。单是做出这个决定，改变就发生了，这个人就开始用新的态度面对生活。也可能某个人有严重的物质成瘾疾患，有一天早晨醒来，他选择戒瘾，从此以后，他不再碰一丁点毒品或酒精。更常见的是，量子时刻会被用来决定你想要成为怎样的人，然后为之努力。我见过许多人曾完全困在某一心态之中，而在量子时刻，他们决定彻底改变对自己的观念，随后便发生了天翻地覆的转变。单单凭借量子跃迁转变对自己的认知，他们就开始采取必要的步骤，最后使自己真正变为那个人。这是真的，如果你相信自己，你就会有信心努力去成为自己想要成为的样子。量子跃迁需要一个开放的头脑，还需要对挣脱过往的枷锁的深刻向往。抛弃过往，接受对现在的新的认知——最重要的是，对自己的新认知——你将会意识到改变就在一瞬间（不一定需要斗篷）。

现在你们可能正在想，自己需要做些什么才能让量子时刻出现。我的朋友们，答案和之前一样，就是“进行时”！没错。我设计了一个进行时等式来帮你捕捉自己的量子时刻。在开始引导你完成这一进行时等式之前，我要先让你更好地理解为什么量子时刻能赋予你如此巨大的力量。然后我们去看看那些从量子跃迁中得益的人。最后，我将带你完成量子跃迁进行时等式，它会帮你抓住生命中的量子时刻，使你变成自己想要成为的人。

超人

在我的生命中经历过几次量子时刻。第一次发生在大学毕业3个月后。毕业时我取得了戏剧学士学位，我并不想要当演员。对于未来的恐惧将我麻痹。小我用这样的想法折磨着我："你不够聪明，是找不到工作的。你的戏剧学位哪儿也用不上。"这些想法在毕业后持续了几个月之久。尽管充满了惧怕，我还是有着去工作的动力。为了支付那些账单，我胡乱做过一些奇怪的工作。我在夜店做过派对宣传，为能量饮料做过销售执行和项目执行，为本地的一个红娘筹办聚会。我游刃有余地同时打几份工赚钱。然而，我却没完没了地和小我做着斗争，试图弄清在职场中该如何定义自己。每当有人问起我做什么工作时，我都觉得底气不足。虽然我在经济上完全独立，却还是感到比身边的人更"匮乏"。

连续3个月喋喋不休地和自己消极地对话之后，我决定不再嫌弃自己。有了开放的头脑和想要改变的强烈欲望，我经历了第一次的量子时刻。那一刻犹如昨日历历在目。那天早晨一如平常，我起床后立刻上网，登录邮箱查看电子邮件。有一封信在收件箱里等待着我，是前一晚遇到的一个姑娘写来的。信的主题栏里写道，“你是最好的主办人！”。前一晚上我为曼哈顿市区一家夜店组织了一场开业聚会。我非常擅长组织这类活动，让大家玩得很尽兴。整封信热情洋溢地说着聚会办得有多成功，我是个多么好的主办人。

这个姑娘在信末写道，她希望我的“公司”把她加入联系人名单，这样她可以受邀参与将来的活动。“嗯……‘公司’，”我心想，“我喜欢这主意！”在那一刻，内心的声音对我说，“你当然可以拥有自己的公司！你善于组织聚会、场地宣传。你是个创业者！开一家公关活动公司吧！”我知道，开始要有好事发生了。这是我第一次的量子时刻。

从那以后，我就变了个人。我彻底改变了自己的命运，无论是内在还是外在。量子跃迁的结果是，我从原来对工作完全没有安全感，变得深信我的事业即将展开，深信自己是个成功的创业者。我完全对自己改观了。很快周围所有的人也都对我改观了。我的家人和朋友不再问我什么时候要去找份工作了。镜中的映像也发生了转变，原先我认为自己没有用，我的世界也反映出这样的观点，而现在却强有力地映射出新发现的自信。

两个月后，我找到了一个合伙人，与其共同开办了我的第一家公司。当年我21岁。从那以后我就一直自己创业。这一切只需要对自己的欲望改观，以及跟从内心意愿的指引。如今，当我接受采访，告诉别人怎样成为一个年轻的创业者时，很多人会问我，“你当时自己开公司害怕吗？”我总是这样回答，“我更害怕自己没有这么做。”

在量子时刻，可能会有一件很好的事发生，那就是我们会确认自己真的能主宰自己的命运。利用这个机会，在量子时刻转变对自身的看法，你就被赋予了超能力——改变你的生命进程的能力。一眨眼间，你就决定要全心全意地改变自己，你就可以让生命朝着一个全然不同的方向前进。当然，并不是所有改变都可以轻而易举地达成。但是这种改变，想要变成自己理想中的人——让你对自己改观的量子跃迁，只取决于你改变的意愿。

为了进一步鼓励你迎接生命中的量子跃迁，我选择了以5个人的事例为例，他们都克服了挫折，将逆境转化成了顺境。我猜想，这些人在他们的量子时刻，都决定做出重大转变，量子跃迁使他们顺着各自的路径走向成功。首先我要讲讲贝多芬。贝多芬是世界上最伟大的作曲家之一，而据说，以前他的老师们都认为他毫无前途可言，更不用提他后来在音乐事业的途中丧失了听力。当时他面临两个选择：要么向逆境投降，放弃事业；要么继续作曲。所幸他超越了世人对他的看法，持续作曲，创作出了伟大的作品。

另一个例子是关于托马斯·爱迪生的。爱迪生被认为是历史上最了不起的发明家之一，在美国拥有1093项专利。在他小时候，他的老师认为他实在太笨了。他成功地发明出第一个灯泡之前，做了9000个试验。所幸他也同样从未放弃，不然我们没准还活在黑暗里！接着来说说体坛偶像迈克尔·乔丹。乔丹是篮球史上最伟大的球员。今天的他是一代传奇，但是早在参加美国篮球职业联赛以前，他只是个被高中篮球校队除名的平凡的孩子。另外一个例子是传奇的电影导演史蒂芬·斯皮尔伯格的事迹。他有多部开拓性的电影影响深远，取得了巨大的成功。但是他也不是生来就成功的。实际上，斯皮尔伯格曾在中学辍学，再回到学校时，他被安排进了一个学习障碍的班级。在这个班级里待了仅仅一个月，他就经历了一次量子跃迁，自那以后，他不再追求外在世界的认可。

最后一个例子，是关于阿尔伯特·爱因斯坦的。他是20世纪最重要的科学家，1921年诺贝尔物理学奖获得者。在爱因斯坦小时候，他的父母认为他智力低下。老师们都很担心他的成绩，据传老师们是这样说的，“爱因斯坦，你将一事无成！”很令人吃惊吧？这些被我们视为成功标杆的人物都曾一度面对他们人生的十字路口，我相信他们经历过一次量子时刻，当下他们决定接受对自我、对自己能力的全新的认识。

如果你认为自己的生活方式并没有反映出自己想成为的样子，那么是时候考虑来一次量子跃迁了。以下是我们的计划。

像之前一样，我会带你完成本章的进行时等式：量子跃迁进行时等式。但是，在这个特殊的等式中，你要把大部分精力集中于反思进行时这一步，以此做好等待量子跃迁的准备。然后我要鼓励你通过一项新的肢体活动，走出你的舒适地带。通过做这项新的肢体活动，你将练习新的行为，开始从不同的视角看待自己。接收进行时步骤会引导你通过冥想创造出对自己的全新看法。冥想后接着完成进行时写作，你要以更为正面的暗示来重述自己的故事。最后，我会为这个等式附加一项工具：我会鼓励你每天重读、重述自己的新故事，持续30天。那么，开放你的头脑，准备好感受这个世界的转变吧！

在开始等式前，问自己以下问题："那是鸟？那是飞机？[1]你想要成为什么样的人？你想要做成什么事？你想要如何看待你自己？"

在认清自己想要成为什么样的人之后，回答下面这个问题："你想要成为的人和现在的你差别很大吗？"

---

1 电视剧《超人》中的经典台词："那是鸟？""那是飞机？""不，那是超人！"

如果答案是肯定的，思考一下你做的什么事造成了这种差距。比方说，如果你想要的是事业成功，那你是不是还在夜夜出门聚会玩乐，第二天宿醉不醒地去工作，以致只能发挥一半潜能呢？如果你想做一个称职的朋友，那你是不是往往一交男友就扔了朋友呢？如果你想要做一个有环保意识的世界公民，你有没有为此做出什么努力呢？

量子跃迁进行时等式：30天变成新的你

步骤一：反思ing

开放你的头脑。改变是伸手可及的，接受这个观念是反思过程的关键。要相信上述那些故事，要知道和别人一样，你也有能力改变对自己的看法。请照着下列步骤来做：

第1步：诚实面对

你是不是受困于对自己的负面看法？

你当前对自己的看法是怎样的？把它写下来。

你是如何阻碍自己成为想要成为的人，阻碍自己去做想做的事的？

你周遭的世界如何反映出你对自己的负面看法？

第2步：反思

得出上述问题的答案，然后修改它们，使之与你的理想相符。请遵循以下指示：

- 方法一：走出来。如果你困在对自己的负面观点中，把负面的答案改成正面的。比方说，如果你的回答是："我没有动力、懒惰、不专心"，把它改成："我有雄心、有动力、努力、专心"。
- 方法二：反思你当下的看法。将它改为你理想中的描述。
- 方法三：铲平障碍。比如说，如果你回答："我阻碍自己专门做音乐，因为我害怕赚不了钱"，把它重写成，"我积极地从事音乐事业，我会用它赚到许多钱"。
- 方法四：颠覆别人对你的回应。你想让世界如何看待你？想让别人面对你时做何反应，都要由你重新写下剧本。例如，如果你的父母不支持你专门做音乐的愿望，请写下，"我的父母全力支持我做音乐的愿望，我的每一场演出他们都会来"。

第3步：脱离

当你的想法和感受充斥着恐惧与消极，那么你生活中的人们也会将此映射给你。不要让别人阻碍你去经历量子时刻。试着脱离。找出生活中那些加剧你的恐惧的人，原谅他们，因为他们只是你内在信念的反射，然后脱离。《课程》中说“坚持意味着投入”。这句话告诉我们，当我们坚持与他人的恐惧相连，我们就在助长它。此外，如果我们用自卫的态度来对抗他们的恐惧，我们还是在助长它。我们该做的是，原谅他们，继续向前。别再与世人的负面观点相连，它只会阻碍你的改变。

步骤二：反思ing+行动ing

在这一章的等式中，我想请你做一些完全在舒适地带之外的肢体活动。可以是像蹦极、高空秋千、跳伞那样激烈的，也可以是像去上舞蹈课那样简单的。重要的是，做一些你认为自己绝不可能会做的事。走出去体验一种你一直想做却害怕尝试的活动。

行动起来，走出你的舒适地带，这样你就在建立对自己的全新看法了。你会体验到一种自豪感。你会为自己尝试了新事物而兴奋，会有更棒的经验供你讲述。最重要的是，你会开始觉得自己是愿意尝试新鲜事物的人——愿意经历量子跃迁的人。

步骤三：接收ing

视觉冥想

这次的冥想与我之前指导你的冥想略有不同。在这次的冥想中，你要对新的生活方式描绘出具体的画面。你要看见自己正在做着你真实想做的事，那个你正是那个自己想成为的人。想象你从自己的负面观点中解脱出来。围绕这个想象创造出整个场景，目睹这个世界如何反映出你的幸福与安逸。把其他人也请进你的视觉之中，想象他们与真实的你产生共鸣，完整地反射出你对自己的新看法。在这样的画面中久坐，直到体验到某种情绪反应。这可能要花上一点儿时间，但是它完全值得等待。你可能只是露出了笑容，也可能哭了起来。就让情绪随着你在脑海中创造出的美丽画面而流动。

以进行时写作改写你的故事

现在你有机会重新写出你对自己的看法了。仔细看看你对自己的描述。找出你在何处、用何种方式破坏了自己的目标，从而无法变成你想成为的那个人。听从你的内心指引，用10分钟的时间去运用进行时写作，写出你的新故事。用来自冥想的意象和感觉来指引你写作。具体写出你想成为哪种人，以及为此你需要采取什么行动。

写出你的个人转变陈述

当你完成了进行时写作，立刻把你写的内容重新读一遍。划出那些能燃起你热情的语句。然后将那些句子摘录下来，拼成段落。理想的状况下，你能够选出两三句话来。接着，编辑这个段落，让它读起来像一份个人陈述。然后再读一遍，看看它能让你产生什么样的感觉。如果这份陈述展现了你理想中的自己，那么你就成功地写出了一份个人转变陈述。

个人转变陈述的范例如下：

我是一名职业歌手。我每个月都去巡回演出，酬劳很高。我的歌唱事业与我的个人生活完美结合。

步骤四：重读ing与重述ing

这个等式的最后一步，是积极地重读与重述。接下来30天，每天晚上重读你的个人陈述。让你的头脑带领你的情绪，与你对自己的新看法产生共鸣。每天晚上体会新的、改进后的自己，享受成为她（他）的感觉。

每天至少一次对他人念出你的个人陈述，持续30天。哪怕在对陌生人讲述时也不要拘谨，要把陈述的事情当做已经发生了一样。这听起来也许像是我在叫你说谎，其实恰恰相反。我在请你做的事，是表现出你已经达成目标的样子，这样你的大脑才会努力跟上你的个人转变陈述。你的大脑跟上以后，量子跃迁就会发生。

在接下来的一章里，我将引导你通过集中自身的能量，进一步加强跃迁过程。用聚焦进行时等式来把你的愿望变为现实吧。

认知有一个焦点，它使你的所见有连贯性。只要改变这个焦点，所见之物也会随之改变。

——《奇迹课程》

聚焦 ING：
正能量，无所畏

NINE

克莱尔一直活在混乱之中，这都源于她想要控制每件事的结果。她为生活中的每个细节烦恼，烦恼于工作面试的结果，烦恼于前一晚的约会。这种持续的烦恼只会让她情绪激动，焦虑不堪。每天早晨克莱尔都带着恐惧的痛苦醒来。而且，她还有很严重的“等我有了……”的问题，总是把幸福推迟到“等我有了（这个月想要的东西）”之后。虽说有这样的习惯，克莱尔其实是个乐观、随和的年轻人。但是她爱烦恼的天性，以及想控制每个生活细节的需求，都阻碍了她的幸福。

有天下午，克莱尔给我发了一条短信说，“尽快打电话给我。”我马上打给了她。她接起电话说道，“我好害怕！我一直在想刚刚去面试的那个工作。我太需要工作了，不知道结果就静不下心来。”“别激动，亲爱的，”我回她说，“你这么担心也没有用。你绝不会担心太阳还会不会升起来的，对吧？”这问题让她很困惑，她回答说，“不会，绝不会。”我说，“要是你相信太阳会升起，为什么就不相信你能找到工作呢？”这句话对她毫无作用。她一笑置之，又滔滔不绝地讲起她对于失业、对于就业市场疲软的恐惧。最后，我打断了她，引用《课程》里的话对她说：“你想要问题，还是想要答案？”“我当然想要答案！”她答道。“那么就该放开绳子了，”我说，“当你让想法和能量重新聚焦，与你的‘进行时’而不是小我保持一致的时候，就会有答案了。”她终于让步了，说道，“好！让我看看你能怎么帮我吧。不管怎样都比现在这样好。”于是她就开始了“进行时”聚焦能量的课程。同时也让我们开始你的“进行时”聚焦能量课程。在本章，我将告诉你如何使想法与正面能量保持一致，吸引好事发生。首先我会让你知道，通常有哪些障碍可能会阻挡你的能量吸引宇宙的正能量。然后我会告诉你，带着没有聚焦的能量生活，会有什么危险性。最后，我会带你完成聚焦进行时等式，它旨在协助清理阻碍你吸引正能量的想法和感受。

这一章的进行时等式的目标，是要教会你，如何在每天的生活中，将宇宙分配给你的能量加以聚焦。如此，你就可以积极地激活能量，使之与你聚焦的愿望相协调。我将引导你改变能量，去相信自己的吸引力。新添的信心会使你获得相当好的生活方式。你会惊讶于当自己聚焦能量时，事物所显现的样子。显化是内在意念的外化结果。使你的能量与高度聚焦的想法和精准的视像保持一致，你就会将愿望显化为形式。

障碍

你花了很多时间来担心一些事，像是你能不能找到工作，上周五的那个约会对象会不会回你电话，可是你有没有担心过另一些事，比如，磁铁会不会吸铁，指南针的针会不会动？当然没有，你从没有担心过后者。你的担心专用于你没有信心的地方。那么，如果你相信有能量能使行星绕着恒星转，为什么不相信你的能量会帮助你找到工作呢？使行星运行的能量也同样在你的体内运转。你只是否认了它的潜能。

现在你知道了自己体内也有相同的能量，那么就该学着如何妥善利用，而不再像以前那样不知该把它用在哪里。其实，你在不知不觉中已经使用了这种能量，只是没有用在对你有益的地方。你就这样没有聚焦地使用了这种能量，吸引来了没有聚焦的结果。这也阻碍了你得到想要的东西。

举个例子，马丁曾想要离开公司找份新工作，但是他把所有的焦点都放在当时那个糟糕的公司上了。由于他的能量都聚焦在自己讨厌的工作上，这阻碍了他接收新工作的信息。等他终于鼓足勇气离开不喜欢的工作后，只花了两周的时间就找到了新的工作，这是因为当他聚焦于自己的愿望时，他的能量也得到了修复。不再身处自己厌恶的地方之后，他很快就开心起来了。专注的、快乐的能量使他在两周内就得到了新工作，进了一家他一直想去工作的公司。

记住：同类相吸。因此，在你体内振动的能量会将相似的能量带给你。能量振动的频率良好，那么发生在你身上的事也同样会很好。不过要将你的能量调成特定的频率，这需要聚焦。倘若没有适当的聚焦，你就会接收到宇宙无序的能量。我们一直都是具有吸引力量的磁铁。但是你的负面想法和感受成为了一道砖墙，竖在你和你所能吸引的东西之间。

主要的障碍是，你不知道你的能量所拥有的力量。《课程》提醒我们，“小我总是最先发言。它的音量总是最大，而它总是错的。”你的小我告诉你，你是个与周遭事物完全隔离的个体。小我大喊说，为了得到想要的，你必须控制所有人、所有事。小我要你害怕别人，让你不要指望生活中有任何好事发生，要你为所有的结果担心。如果你认同这种恐惧的对话，就剥夺了自己运用“内在力量之源”的能力。

另一个障碍是，你像克莱尔一样，会为未来的结果烦恼。要记得，未来与过去，都是小我关注的事。对你来说，唯一重要的，是当下。对未来的恐惧阻碍了你享受当下，阻碍了你和宇宙一起的共同创造。例如，杰西卡非常惧怕找不到人结婚。她完全陷进“等我有了老公，我就会幸福了”的心态中。怕找不到“那个人”的恐惧，变成了她通往幸福与爱的最大障碍。在聚会上，当她环顾四周搜寻可能的对象时，她的能量处于焦虑的状态。当她遇到了被她吸引的男士，她的能量就变得急迫。她表现得仿佛那是地球上最后一个男人似的，这会让那位男士很扫兴。

未聚焦的能量的缺陷

除了遇上那些可能会妨碍你得到宇宙所有正面能量的障碍，你还可能苦于无法聚焦你体内已有的宇宙能量。没有清晰的焦点，你就必定会让一些不好的事情显现。如果你心里想着，“我想要傍水而居”，却又不想弄清楚到底要住在哪里，很可能最后就跑去了冰冷的阿拉斯加（并不是说阿拉斯加不好）。

我的朋友，美国奥运击剑手蒂姆·莫豪斯，他就在2008年北京奥运会上经历过这种未聚焦的吸引状况。在为奥运会做准备的3个月的时间里，蒂姆和他的队友都矢志要拿下奖牌。每次训练他们都一起将能量聚焦于奖牌。（注：集体聚焦是非常有力量的。）他们嘴边挂着奖牌的事，同时抱持着对胜利的想象。他们充满了能量和取胜的决心，以优异的表现开始了一场场比赛。他们在第八轮打败了世界冠军匈牙利队，随后又击败了世界强队俄罗斯队，此时的他们已经有拿金牌的条件了。而就在此刻，恐惧来袭。这支队伍在比赛中惯有的清晰态度与信心被丢到了一边。他们的小我推翻了局势，最终他们获得了一枚银牌，将金牌拱手让给了法国队。在反省自己的表现时，他们意识到自己的焦点从一开始就不明确。他们这几个月以来都在想象着要得到奖牌，却从未具体到奖牌的颜色。缺乏聚焦阻碍了他们夺金的道路。

现在你已经知道了，是什么阻碍着你吸引宇宙为你储存的所有正面能量，也知道了不聚焦能量会有什么危险，那么让我来告诉你，你该如何重新使想法聚焦，使你的磁力不再被阻碍，使宇宙的能量成为你的向导。聚焦的能量就如同一张路线图。沉浸于这种能量中，你会感觉自己被指引，即便一开始看来像是在带你绕远路。当你的能量调成了正面的振动时，你就会相信，你一直被指引着走向你的愿望，或是绕远路走向更好的地方。那你为什么还要浪费时间试图靠自己来导航呢?

别再妨碍自己得到那些绝佳的机会了，开始聚焦进行时吧。用简单的方式开始。选择你生活中某个比较低调的领域，接下来的30天都聚焦于这个领域。用一个不那么强烈的愿望来试验一下聚焦进行时等式。不要过于迷恋愿望，这可以帮你练习运用能量。如果你一开始就选择了某个更为重要的愿望，结果就可能是失败。因此，一开始先从简单的事入手。

然后我会指导你运用一些特定的方法，来对这个愿望进行进一步的聚焦，形成清晰的视像。在这一步之后，你要通过能激活内在能量的肢体活动，来将清晰的视像发展成更进一步的聚焦。然后你将进入冥想，这将带领你激活幸福感。这一次的冥想会告诉你，怎样在任何特定的时刻转变你的能量。我会指导你在清晨做这个冥想，接着是进行时写作练习。每天清晨，通过进行时写作写出当天要如何聚焦自己的能量。记住，如果你花30天致力于聚焦进行时，你就可以学会，怎样在特定的时刻积极调整自己的能量。你增添的“进行时”越多，你的能量就会越强大。有了清晰的视像与焦点，你就会停止控制，开始创造。

为什么要在没有路线图或全球定位系统的情况下驾驭人生呢？发掘你的内在指引，让宇宙帮助你发挥方向感。检查一下自己与内在能量的联结如何。“你是否认为自己必须控制外部世界，才能让好事发生？你是否试图掌控每件事情的结果？你是否没有意识到，可以用想法来影响自身的能量，从而改善生活？”如果你的回答反映出，你正在幻想控制或操纵各种事件的结果，这就表明你没有聚焦你的内在能量。开启30天聚焦进行时等式的旅程，使你的能量顺应宇宙的力量。

聚焦进行时等式：30天积极聚焦你的能量

步骤一：反思ing

让我们重新调整焦距。反思进行时的目标是，随“进行时”而非小我的声音，聚焦你的想法。当你的想法与“进行时”相联结，你的能量就会更强。我的“进行时”伙伴，健康指导、针灸医师比安卡·贝尔蒂尼，她在强调重新聚焦能量的重要性时说：“负面想法会阻碍你的能量。当能量被阻碍时，会造成精神、灵魂、身体的停滞。就像一条筑了水坝的河流，必须重新汇集水流，让未受阻滞的能量顺利流动。”以下的反思进行时方法将带领你重塑想法，用爱来替换小我的幻想。当你聚焦在充满爱的想法上，你就会创造出充满爱的视像。这一步骤的重点在于完善想法的形式，以此来加强你的能量。你完全可以用攀登进行时修行来帮助自己到达更高层的意念。

- 找出一件你想要重新聚焦能量的事情来。第一次练习时，选择一件你并不太迷恋的事情。可能你希望和上司的关系处得更好，可能你想调整能量的方向去结交新的朋友。选择一件对你来说不是太重要的事情，供你来理解聚焦这回事。

- 记录下当你聚焦于这件事或生活的某一领域时，当下的感受如何。

- 对于这件事或生活的这一领域，你有什么样的想法？

检查你的回应

现在你已经选择了一个简单的领域来进行练习，那么该围绕它来改变你的能量了。改变能量的第一步是改变想法。比方说，你想要聚焦于对钱的看法并改变相应的能量。一直以来你的想法是“我不会赚钱，我恨我的工作，我总是身无分文。”如果是这样的话，你可以写下肯定想法，如：“钱轻轻松松就到手了。我喜欢我的工作，我乐于接受各种福利。”

另举一例，你可能想要聚焦于用更正面的方式同你的室友相处，因为你发现自己经常用负面的想法攻击她。这样的话，你的肯定想法可以这样写，“我原谅室友过去所做的事，现在我决定和她愉快相处。”这种陈述的关键在于，你要确定它让自己读来“感觉”良好。如果因为某些原因，写下的陈述让你感觉遥不可及，那你的小我可能会很难理解它。如果出现这种状况，你就需要简化肯定想法，再写一条新的。要确定它与爱的意念密切结合，使你感觉良好。

步骤二：反思ing+行动ing

聚焦你的精神与能量

关于聚焦的力量，“进行时女孩”本身有一个很好的事例，那是在我重拾童年的爱好——独轮车时所发生的事。我12岁的时候，参加过一个马戏表演艺术项目。在当时，这成了我生活的全部！我疯狂地喜欢上了独轮车，喜欢到让爸爸给我买了一辆。不过在青春期我放下了这个爱好，因为我担心它看起来不够酷。17年后，我突然醒悟，独轮车多酷啊！我下定决心，跳上独轮车骑个尽兴。和骑自行车很类似，你的肌肉会记得骑独轮车的肢体动作。我没有费很大的劲就重新上手了，尽管显然还需要好好练习一番。

对自己的愿望有了聚焦的视像后，我就开始努力让目标变成现实。我要成为独轮车明星。骑上独轮车，带上肯定想法，我展开了聚焦进行时的旅程。我的肯定想法是："我聚焦于我的愿望，我是个了不起的独轮车手。"朝着这个目标，30天的聚焦进行时获得了成功。在30天的尾声，我已经能自信满满地骑车了。

下面的活动是专为这个等式而选的，它们会帮助你使焦点变得清晰。聚焦进行时推荐活动：跑步、独轮车、高尔夫、投篮、射箭。除了我推荐的活动，你其实可以将任何活动运用于聚焦进行时等式中，只要是你的身体不熟悉的活动都行。练习聚焦你的想法，使它与你的能量结合，借此使你达到渴望的目标。在努力掌握一项肢体运动的同时集中精神，你将会身心合一，为新的存在方式注入能量。

重新聚焦能量

你也许会时常需要重新聚焦能量，你的精神也许会需要帮助。如果出现这种状况，穿上跑鞋，出去跑步。密切注意你头脑中想法的转变，以及你身体中能量的转变。然后你可能会到达白噪音的环境中，在此你所有的担心都会消失。出去跑个步，重新聚焦你的能量。

步骤三：接收ing

冥想ing

这一次的冥想将指引你聚焦于正面想法和感受，以此激发强大的能量。要记住，为了以正向的方式聚焦能量，你必须有正向的“感觉”。在30天里，重复做聚焦进行时冥想。

闭上双眼，用鼻子深吸一口气，用嘴呼气。在脑海中想象让你感到幸福的某个人、某个地方，或者某件事。稍坐片刻，让你的头脑创造出和这幅画面相关的视角与意象。吸气时，联结起这些视像所激发的幸福感。呼气时，向宇宙释放这些幸福的想法。继续吸入快乐的感觉，找出它们存在于身体何处。直接朝向身体的那一部分吸气，与你的喜悦感取得更密切的联结。注意你的能量会离开以前的感受重新聚焦，到达新的喜悦的状态。感受体内振动的能量，朝向宇宙呼出能量。练习随着每次吸气增强这种能量，随着每次呼气分享这种能量。要知道当你激发了这种内在能量时，它会对你身边所有的人事物产生正面影响。

写作ing

接下来的30天，在清晨练习进行时写作。让进行时写作自由流淌，聚焦在你当天想要感受到的能量上。让内心指引去影响你的文字，描写出你希望中的感受方式。创造性地想象出充满这种感受的自己。用写作来深入自己的感觉，创造出强大的新视像。自由地描写自己所渴望的能量，接受此时涌现出的感觉。用进行时写作开启新的一天，使你的能量具有磁性，转为正向的振动。

享受聚焦能量后的成果吧。一旦你体验到了和宇宙共同创造能量的感觉，你会受到激励，一直这样做下去的。保持聚焦进行时。

显化过程的下一个至关重要的步骤，是知晓你的愿望正在实现的途中。第十章将教会你简单的知晓进行时等式，通过专心致志地努力修行，将带领你去“知晓”。

C H A P

那些确知结果的人全无焦虑，经得起一再等待。

——《奇迹课程》

信念被消除。相信由知晓取代。

——韦恩·戴尔博士《神圣的自我》

E R

知晓 ING：冥冥中自有安排

TEN

最近，我辅导的一位求询者问我“希望”和“知晓”的区别。我解释说，两者有天壤之别。当你对某事抱有希望，你的小我相信“你”可以控制结果。然而，希望的背后是一种需要感，这让你散发出一种贪婪的能量。此外，当你希望某事发生，其实是在准备面对不止一种结果。你希望一件事发生，同时又准备接受它不发生。伴随着希望的，是不确定。希望可以被视作一种“可能”成真的妄想。这种想法背后的不确定，导致你害怕希望之事不会真的实现。就算你把肯定想法重复再多遍，如果怕希望之事不会发生的恐惧感仍旧存在，那么其实你就在阻碍自己得到它。

知晓和希望全然不同。当你处于知晓的状态时，你很放松，你的能量以正向的频率振动。你的能量振动频率良好，你就知道自己处于优越的状态。当你知晓你所渴望的东西正在途中，你的直觉会“感受”到它。你从容地进入显化过程（“显化过程”就是一张路线图，告诉你在生活中为什么以及怎样得到你想要的结果，后文详述），你的愿望被“允许”流向你，如同铁被磁铁吸引那样。时间变得无关紧要，因为你享受此刻，且相信未来。更重要的是，你“知道”，如果你的愿望没有切实地出现，那是因为宇宙的地图带你绕了远路，你将去往更好的地方。

在本章，我将讨论迎接知晓进行时状态的重要性。围绕这个主题，我会告诉你如果不在知晓的状态，将会发生什么；我还会与你分享，三年间我是如何走在通往知晓进行时的路途上的。最后，我会为你介绍这一章的进行时等式——知晓进行时等式，告诉你为什么这个等式效果显著。

显化的灾难

阻碍你通往知晓进行时的，是你缺少投身宇宙能量的精神。许愿和希望都是美丽的行为，但是它们必须被转化成完全的知晓，你才可以收获圆满。你时常会接近一些“想要的”“希望的”特定目标，如果少了全然的相信，你就不会持续吸引成功的到来；只有在控制小我的情况之下，你才会得到成功的显化。

举个事例来说，我辅导的一位年轻女士南希，她需要在一个月内为她工作的房地产公司赚到1万美元。如果赚不到这个数，她就会丢了工作。这种燃眉之急使她立刻开始了显化过程。当她明确了自己的愿望诉求，就专注于行动目标。然后她开始每天练习聚焦进行时等式。她说到做到，每天重复肯定想法，“这个月我会为公司赚1万美元。”结果在两周内，她就赚了1万美元，到了当月月末，她超额完成任务，多赚了5千美元。这样的结果让她激动不已。她决定接下来的一个月重复一次这种做法。然而这一次，她的小我来插嘴了，它说，“那只是运气而已。你不可能一连两个月走运的。”于是，不确定和恐惧的心理破坏了她第二个月的业绩。她为业绩下降找借口，抱怨房地产市场和经济的不景气。而事实是，南希将她正面的能量让给了强大的小我，因而怀疑自己先前的显化结果。南希本可能在第二个月赚一样多的钱，甚至更多，然而她遏制了这种潜能，因为她向小我的恐惧心理屈服了。

在这次显化灾难发生后，南希来我这里寻求帮助。我告诉她，她的做法只漏掉了一个步骤，那就是全身心地接受宇宙的能量。显化最为重要的一步就是“知晓”你的愿望正在途中。她所有的愿望和渴求，只“间或”得到了理想结果。“你难道不乐意单纯地‘知晓’所有事都可以解决，被引导着获得好的结果吗？”我问南希。“我当然想那样了。”南希回答说，“可是我觉得沮丧、受阻，因为我不知道怎样才能做到。”

我理解她的沮丧，于是温和地告诉她，知晓进行时等式会如何推进她的信心和知晓程度。就这个话题，我进行了一场全面的“进行时女孩”式的布道，我说的主旨是：“真正的知晓会伴随着每天投身的‘进行时’修行而来临。人们常常会出现的问题是，他们做‘进行时’修行三天打鱼两天晒网，让小我掌控了方向盘。我见过许多人顺利地做‘进行时’修行，持续好几天，几周，甚至几个月。然后，他们开始享受‘进行时’修行的所有正面结果。而他们的小我通常都变得愈发诡计多端，找到路径溜了回来。”

令人欣慰的是，有方法可以保护你不受小我对抗的伤害，让你每一天都能知晓自己正被指引着。这种程度的知晓，关键在于全心全意的“进行时”修行。你现在也已经知道了，每一个进行时等式的最终目的，就是观念的积极转变。积极的转变越多，你得到的奇迹就越多，得到的奇迹越多，你就越清楚地知晓宇宙在护佑你。

归根结底，活在知晓的状态需要一生投身于“进行时”修行。即使你现在还不完全相信，也可以立刻朝那个方向行动起来。随着奇迹的不断堆积，你最终会活在知晓的状态。在那之前，如果你需要帮助才能坚持下去，请重复十二步疗法[1]的口号，多年来它帮助过无数人坚定信心：“假装成功，直到你真正成功。”这正是我在通往知晓状态的路上所做的。而最重要的是，我在四年多的时间里每天投身于“进行时”。然后那一天到来了，我终于可以脱离小我，全心拥抱“进行时”。其间有很多时刻我都得到了宇宙力量的明确信号，但我还是付出了许多“进

1 十二步疗法，用于治疗上瘾症、强迫症等行为疾病的一套疗法，最早由匿名酗酒者协会（Alcoholics Anonymous）提出，旨在帮助会员戒除酒瘾。

行时”修行的努力与耐心，才到达了真正“知晓”的境界。

举例来说，我有三年时间都“知晓”我的这本书会写就付梓。我有讲述的欲望，我知道自己的肚子里有一本书。当我将书的构思签给了一位经纪人之后，我保持着从容不迫的心态。我“知道”这本书会在最正确的时间卖给最正确的出版商。其实，我的经纪人在一年前差点把书卖给了不适合的出版商。那次协议失败后，我“知道”这是因为有更好的东西正在途中。而事实是，结果比我想象的要好得多！一年后我签出去的，已经是一个完全不同的创意了。

我很幸运，宇宙为我做了更好的计划，而我也愿意让她来安排。在“知晓”中耐心等待，这带领着我在最为正确的时间走到了正确的出版商面前。在“知晓”的良好感应中，我每天都付出行动，通过练习知晓进行时等式来保持信心。

祈祷ing+冥想ing=知晓ing

知晓进行时等式的关键成分是祈祷进行时和冥想进行时。祈祷进行时是请求的时间，冥想进行时是倾听的时间。这是我在通往知晓进行时的道路上领悟的。每天，我都会在清晨向宇宙做祷告，以此坚定目标。有时候我会全心沉浸其中，甚至会双膝跪地。我不把这看做宗教仪式，也不觉得这有什么奇怪；这一点让整个祈祷过程更有力量。双膝跪地是用肢体行为来表达，我已经准备好将自己的意愿与生活交托给宇宙能量。

祈祷过后，我静坐至少10分钟做冥想，在冥想中我清理头脑，聆听内心的指引。随着一周又一周慢慢过去，10分钟变成20分钟，20分钟变成1小时。有时我还会一天做两次冥想。冥想时我只是单纯地倾听自己的“进行时”。我会检查自己当天的感觉，让内心指引重塑我的想法，使它由恐惧重新转化为爱。有些日子里，我会备受激励，从冥想中跃起，从书架上取下一本闲置了好几个月的书读起来。还有些日子，我会感觉自己全心沉浸在原谅进行时中，原谅了某个我一直怨恨着的人。而在有些情况下，我只是静坐冥想，使意念平静，这样我可以在更积极、更精力充沛的状态下，从容地开始这一天的生活。

通过每天的祈祷和冥想，我沉浸于“进行时”，聚焦于爱的想法与能量。这样做的结果是，我被引向了特定的人、事、境遇。要是哪天我起床晚了，没有做我的知晓进行时仪式，那一天我就会觉得不对劲。所以当天晚些时候，我一有机会就会补做“进行时”修行。我还会抓住一切机会进行祈祷和冥想。如果在家里时间不够，我就会在地铁上打开iPod，闭上眼睛边听边祈祷、冥想。约会前，商务会议前，甚至上健身房之前，我都会祈祷与冥想。我单纯地将自己的愿望交给宇宙，请求得到她的指引。

一开始，我的祈祷似乎只是些言语，我的冥想也似乎只是在静坐。那段时间里，偶尔也会出现一两个奇迹。而随着奇迹渐渐累积，我无法再否认正在发生的事实，我开始有了真正的信心，知道宇宙就在我身边。有了这种新发现的知晓进行时的感觉，我感受到了同宇宙之间更深的联结。这就仿佛我和一个比我所能见到的广阔得多的世界有了联系。我感觉自己被指引。我不再觉得必须控制和操纵为人行事的结果。我不再不由自主地担心。我有一种统一的感觉，那就是“一切都会好的”。我继续着每天的祈祷和冥想，保持着这种知晓进行时状态。

后来我开始将这种知晓用于显化，结果令我惊喜。通过祈祷和冥想，将自己交托给宇宙，我亲眼目睹了此后的生活是如何处处成功的。当事情没有如我计划般发展时，它们总会有更好的结果。事事美满，但我没有松懈，我重温了我的导师埃莉卡的劝诫："当事情变好时，要愈加努力。"我正是这么做的。我维持着每日的仪式，做祈祷与冥想的知晓进行时修行。日复一日，月复一月，年复一年，如今我已信心满满，真正知晓。

我可以自豪地说，大部分的时间，我都完全相信宇宙在护佑着我，而其实我也欢迎鲜有的小我出现的时刻，因为这能让我保持警惕。我严格地监控着小我，让它映照出一切隐藏的伤口。谁会想到只是些简单的祷告和静默的时刻，会让生活变得如此之好呢？

运用知晓进行时等式

知晓进行时等式只有两个步骤——祈祷和冥想，这和别的进行时等式有些不同。而且，知晓进行时等式也不包含肢体活动的成分。造成这种差异的原因是，这一等式是为了独特的目标而设计的。其他所有的等式都旨在改变你生活中的某一特定方面，而知晓进行时等式是一个持久、永恒的等式，能使你保持在知晓状态。另一个原因是，知晓进行时等式更精简有效地强调了保持信心并非难事，只需要两个简单的日常步骤：祈祷和冥想。祈祷和冥想能让你与“进行时”保持持久的联系，而正是这种持久的联系使你处于知晓状态。

我之所以将这一进行时等式设计得简易，还另有一个原因，那就是我要延长它的时限。这个等式的时间不是30天，而是——永远。但是，不要被吓到，可以让你融入生活的祈祷和冥想多种多样，而且都非常简单易行。当你练习知晓进行时等式时，我想请你使其保持简单、稳定。按部就班，不要拘泥于细节。

下面，我将指导你完成这个等式的两个简单的步骤，为你举一些易行的例子，告诉你如何在日常生活中实践它。你读过多少书，听过多少讲座，接受过多久的心理治疗，这都不重要。如果你不做日常的祈祷和冥想，你就没有在增进自己的信心。一开始，先问自己一个问题，“今天我祈祷和冥想了吗？”这无关你昨天做过什么，无关你计划明天做什么。重要的是今天你做什么。

首先，我想要你确定，在通往心与灵的完全地、真正地“知晓”宇宙在庇护着你的道路上，你是如何做出努力的。请问自己以下问题：“当你设立目标时，你确信宇宙在运作，要将最好的显化结果带给你吗？你是否努力接受愿望必定会实现？你是否一直活在恐惧的状态，担心你向宇宙索求的所有事都永远不会实现？当生活没有照你的计划进行，你是否变得沮丧？你是否难以相信宇宙会庇佑你？”

知晓进行时等式：30天知晓宇宙在护佑你

步骤一：祈祷ing

记住，祈祷是发出请求的时间。祈祷进行时过程的第一步，明确你向宇宙请求的是什么东西。有时候，你向宇宙请求的，可能只是引导你释放恐惧，使你活在确信中。有时候，你可能会请求一些具体的东西，比如身体健康，或感情上的帮助。无论是哪种状态，首先都要使它明确。

明确你对宇宙的请求

明确你的请求，有两个重要成分。第一，明确你愿望背后的意图；第二，明确你请求的方式。当你思考愿望背后的意图时，要确认自己的愿望并非出于匮乏或急迫。当你感到急迫，你的能量也是急迫的，所以你就远离了知晓进行时。另外，你的意图要符合上善的理念。

我说的“上善”，指的是愿望要以某种对他人、对世界有益的形式而存在。比方说，莎拉的愿望是结婚。她重新确认了愿望背后的意图，原来她的意图是“我需要一个男人才能感觉安全”，后来变为了“我想要一个丈夫，因为我会成为一个很棒的母亲，会与家人分享我的智慧”。转变前后的观念差别在于，前者是一个急迫的请求，而后者是对宇宙的贡献。你的内心指引不以“我如何得到？”的模式，而是以“我如何给予？”的模式发挥作用。这种“给予”的能量，才会得到宇宙正面能量的回应。

另举一个例子，米卡埃拉的愿望是成为时装设计师。你可能首先会想，“时装设计师要怎么对世界有益呢？”答案很简单。这个愿望对世界有益的原因是，她的使命就是通过设计来治愈别人。她“知道”她的作品有要表达的思想与上善相符。这使她的愿望成为强大的感应力，吸引了好事的发生。她萌发这个愿望，是受到唐娜·卡伦以及她的“都市禅”概念的启发。“都市禅”的意图是在设计精美的时装的同时，唤醒意识，激发改变。榜样的力量每天都推动着米卡埃拉的愿望。另一个例子是关于杰西卡的。她的愿望是成为一个知名的瑜伽教师。但是她用来支撑意图的，并不是她需要名气来使自己感觉良好。她追求的名气只是催化剂，用来分享治愈的信息。

当你的愿望由充满爱的上善的意图所支撑，你就会感觉存在一种内在的认知——你知道自己正走在正途上，事事稳妥。所以让我们来查看一下你的愿望，明确它或它们背后的意图。为此，请你问自己下面的问题，写下每一个答案。

“你想要如何影响这个世界？”（注：也并不是需要立志

救死扶伤才算有效地调整愿望。）

就我而言，我的陈述会是这样的：

我的愿望是做一名畅销书作家。这个愿望符合上善，因为我的书帮助人们变得更幸福。

现在你试着写写看：我的愿望是____________________。这个愿望符合上善，因为______________________________。

检查你的请求方式

为进一步调整你祈祷时的请求，让我们来仔细看看你是如何与宇宙沟通的。举个例子，有一次我在街上遇到一个朋友，我们聊起她当时在努力显化的一件事。她对我说："加布，我发了疯似的祈祷，可该死的，宇宙没有任何回应！"我回答："如果有人用这种不耐烦的态度对你讲话，你会做出回应吗？"要记住，与宇宙沟通，重要的不是你想什么、说什么，而是完全要看你的感觉背后的能量是怎样的。你的感觉创造出能量的振动，那才是宇宙可以回应的。因此，调整你请求方式背后的能量，这相当重要。要明白当你将祈祷背后的能量向宇宙释放时，它们就会发生改变。为了帮你学习如何向宇宙释放愿望，我为你的祈祷做了下列提示。

- 祈祷进行时提示1：把你的祈祷交托给宇宙。用你感觉适宜的方式，全心地将自己的愿望交给宇宙。一开始你可以采用的一种方式，是跪地祈祷。当你用肢体向自己及宇宙展示出准备接受帮助的姿态，你体内的能量就会发生改变。另一种表达这种释放的方式是，直接说出来。只需要大声说出，“我将这个愿望交给宇宙。我知道它会受到庇佑。”要记住“假装成功，直到你真正成功。”你可能没有准备好在当下完全把愿望交付出去，但一开始先把它大声说出来，或者双膝跪地祈祷。这些举动有力地向宇宙传递了信息，表示你愿意放开对结果的控制。

- 祈祷进行时提示2：做一个信心盒。信心盒是你储存祈祷词的地方。你可以随自己的心意装饰这个盒子。然后在一张纸上写下自己的祈祷词，把它放进盒子。把祈祷词放进盒子的动作向宇宙表达了，你将它送出，你“知道”它会受到庇护。

- 祈祷进行时提示3：感恩是唯一的态度。列出生活中所有让你觉得感恩的事。每天晨祷一开始，先大声念出你的感恩清单。这一举动非常有力量，因为它会立刻用爱调整你的想法和能量。这种强大的能量会牢牢地支撑你的祈祷，也会使你一整天都很愉快。

- 祈祷进行时提示4：具治愈力的祈祷。我住在西海岸的朋友，和我一起研究“进行时”的心理治疗师、心身问题专家埃莉卡·艾利斯博士，她就完全赞成把祈祷当做一种治疗方法。埃莉卡说，“研究表明，祈祷对于治疗，在生理上有深远的影响，包括调节心血管活动、增进免疫功能、全面降低压力水平等。祈祷可以帮助调节你的心脏对身体和大脑发出信号，告诉它们完全可以放松下来、体验爱。这就表示，通过向别人传达爱与祈祷，你可能收获同样的益处，就仿佛在向自己传达爱与祈祷一样。因此，祈祷的确是一种迅速而有效的灵修，能进一步解除自我和他人之间根深蒂固的阻隔。”

最后，要把宇宙当成一位想要在事事处处帮助你的最好的朋友，勇敢地向她请求领导和指引。使你的请求与上善相符，怀着爱向宇宙寻求帮助。相信我，她会听的。

步骤二：冥想ing

“知晓”你的生命受到庇佑的最后一步，是自律的冥想修行。冥想时间是你专注地与内心指引平和、静默地共处的时间。每天做冥想将让你得到全身心与宇宙联结的感觉，而这会引导你进入知晓自己与愿望相协调的状态。在一天里，你通常处于一种被称为“贝塔”的脑频率中。贝塔脑波频率适于处理、解决日常任务，但是它对于你和宇宙的联结没有帮助。你处于静坐冥想的状态时，你的大脑实际上在转换频率。当你专心做冥想，释放出压力时，你的大脑就被引入阿尔法脑波频率，它是一种较低的脑波频率，能使你的头脑冷静下来。在这种冷静的频率中，你足够放松，能够把自己的愿望释放进可能性的量子场中。下文将举几例，概述冥想是如何进一步引导你知晓，以及与宇宙共同创造的。

冥想视像

通过降低贝塔频率，缓和地进入阿尔法频率，你将被引导着创造视像，抛弃计划。视像与计划有很大区别。计划关乎控制结果，而视像是充满爱的规划。当你做冥想练习时，你创造出被爱的意图所包裹的视像。冥想时，你将自己的愿望交给“进行时”，由此创造出这些视像。你只需在冥想时，在大脑中抱持一个关于自身愿望的想法，将它交给“进行时”。冥想之中，你的大脑处于阿尔法频率状态，因此它是相当有创造力的。

这时你的“进行时”会开始发挥作用。你的头脑平静，它就可以接收“进行时”的指引，进入创造性的精彩的视像。比如，杰西卡想象自己在国内领先的瑜伽学院里教授瑜伽。在她的视像中，她看见爱的光芒从她的身体散发出去。这代表她的治疗对这个世界有影响。杰西卡与世人分享光芒的视像不仅使她快乐，也积极地将喜悦传播到以太中。于是她能够抛弃计划，专注于意图背后的爱。她的“进行时”冥想提醒她，爱生爱。每天通过在冥想修行中创造爱的视像，杰西卡被引导着在越来越大的课堂上教授瑜伽，传播她的治愈之光。

白光冥想

我从两位作者那里听说过另外一个有力的事例。他们两位当时正努力为合著的书找出版商。在几周的时间里，他们用视像的力量，使愿望变为了现实。他们静坐冥想，想象白色的光穿透那本书，那本书说着“让我出版！”他们每天都花时间做这一冥想。三周后，他们接到了一位出版商的电话。他说，“我从没出版过这样的书，这完全不在我的领域之内。但是这本书一直在喊‘让我出版’。”之后他们很快就签订了出版合同。

不要漏了另一个步骤，那就是“感受”你愿望背后的感觉。举个例子，莎拉曾通过感觉冥想，将她想结婚的愿望显化。她带着沉浸在爱里的“感受”，在纽约的街道上做步行冥想。每天晚上睡前，她会想象未来丈夫的样子，想象他的一举一动，他给她的“感受”。在冥想中，她将白色的光从自己心里朝他的心里传送。每天醒来，她会记得做了美好的梦，她在梦中和未来的丈夫共度时光、分享爱。最重要的是，她密切关注他给她的“感受”。她活在知晓中，知道他们分离的每一天，他都在准备着与她相遇。那段时间，她经历了许多奇迹。在街上会有男士拦住她问她要电话号码。每天晚上她和不同的男士约会。她的能量向宇宙传递出爱的频率，男士们也感应到了。不出两个月她遇到了彼得，他正是她想象的化身。后来他们就一直在一起了。

你的愿望就是祈祷。当你将正面的能量注入愿望，你就会“知晓”祈祷得到回应的喜悦。思考，感受，知晓。

白光冥想方法

闭上双眼。深呼吸，用鼻子吸气，用嘴呼气。

吸气——我用爱包裹我的意图。

呼气——我是感恩的。

吸气——我使我的愿望符合上善。

呼气——我知道自己正被指引。

吸气——我用爱包裹我的意图。

呼气——我是感恩的。

吸气——我使我的愿望符合上善。

呼气——我知道自己正被指引。

在大脑中想象你想要的东西。在这一视像中看到你自己，有白色的光从你身上散发出来。知道这白色的光代表了愿望背后充满爱的意图。将你心里的爱传送到以太中。知道这种爱的感应正吸引你的愿望之物来临。想象白光涌进你的愿望之物。穿透的白光承载着宇宙所有的爱。这白光代表了你的意图，并将你的能量注入生命之流。

《课程》教导我们，每天清晨，在与内心指引的联结中，用于祈祷和冥想的5分钟时间，将保证你一整天的想法与爱相结合。要知道，你的内在协调将创造奇迹。用这句口诀开启每一天：“我相信。我选择爱。我与宇宙共同创造。我的内心指引带领着我。我选择爱，并接收爱。”

30天的知晓进行时等式将调整你的身心，使你为即将到来的第十一章的内容做好准备。带着你积极调整后的焦点和真正的内在知晓，开始显化进行时吧。

C H A P

奇迹是爱的自然流露。

——《奇迹课程》

E R

显化 ING：遇见心想事成的自己

ELEVEN

科特妮曾经在我这里训练了五个多月，她的内心之光已经点亮。渴望进步的她说，“我已准备好开始显化了。”我也相信她已做好准备，同意教她显化进行时等式。我首先向她解释，显化是内在意念的外化结果。将愿望显化为形式的过程，需要用高度聚焦的想法和精准的视像，去激活你的能量。

科特妮准备好了要开始这一过程，因为她已成功地运用聚焦进行时等式，有意识地将她的想法与正面的意图相结合。此外，她刚刚完成30天的知晓进行时等式，通过祈祷与冥想激活了每天与宇宙的对话。对科特妮来说，正是时候运用显化进行时等式，将她的信念体系再作改善。

为了深入浅出地教授，我选了科特妮最了解的东西着手。

科特妮在大学里是箭术校队的成员。她12岁时就开始练习射箭。这项运动对显化来说，刚好是个精妙的比喻。我通过一个弓箭手的视角，一步一步向她分析了显化的成分。我首先讲述的是显化过程的第一步——聚焦。任何一个好的弓箭手都知道，你的“焦点”必须精确地对准“10分”。（科特妮告诉我，10分就是箭靶正中那一环中心的小小“×”。）接下来的步骤是确定你很“镇静”。如果你的能量是狂乱的，你的箭也会摇摆。一旦你将聚焦后的愿望与镇静的能量结合，你就已做好准备要“释放”这支箭。当你放箭的时候，你“知道”它会射中10分。最后，如果你没有一次命中10分，你要保持“耐心”，明确知晓射中10分的那一箭即将到来。

科特妮很喜欢我的比喻，她准备好了要一步步学习显化进行时等式。我相信，我们共同的旅程走到这里，你也像科特妮一样，已准备好学习显化进行时等式了。但是在分步指导你完成等式之前，我想要先举几个有力的事例，带你熟悉一下何为成功的显化。我的记忆库里装着无数显化的奇迹；在此处选出一些来与你分享，它们最恰当地体现了显化进行时等式三要素——聚焦、释放、知晓的重要性。

聚焦ing

我选择与我的教练瑞一起修行，原因之一，是因为她是个显化专家。她生活的各方各面有我想要的一切。（注：当别人有你想要的东西时，照做他们所做的事。）她拥有的一切，是她专注于内心指引，以及完美显化的结果。她精通显化之道。瑞非常给我启发的一个显化经历是，她如何吸引来了她的丈夫寇里。在她的“丈夫特征列表”上的84项特征里，她显化了82项。没错，她列出了她理想的丈夫身上应有的特质，然后几乎显化了所有特质。听到她的这个故事时，我说，“带上我，教教我方法！”她首先教导我“聚焦”的重要性。她常说，“重要的不是你应得什么，而是你想要什么。”

瑞从不畏惧要她想要的，因此她的显化特征列表上才会有84项之多。接着她告诉我，她是如何开展显化过程的。通过逐条记录自己想要的东西，她相当清楚自己的愿望。她为每一项特质分别标注了“不容商量”“极其重要”“非常重要”“重要”的字样。然后她写了一封信给“他”。这封信点燃了她所渴望的爱的感觉和热情。她每晚读这封信，让自己感受和他在一起的喜悦。她的感觉带领她进入深刻知晓的状态，她知道“他”正在途中。她把列表带给朋友们看，一直忠于自己的愿望。通过这样的做法，她明白了，她将不再浪费时间同不符要求的男人约会。她用冥想的方法和正面思考的力量，进一步聚焦自己对丈夫的想象。然后她遇见了寇里。他们初遇时，她还没有认出他就是“那个人”。他是个非常好的男人，但是她当时并没有考虑他，因为他“看起来”不像是她在找的人。

而日子久了之后，他们渐渐了解对方，瑞意识到，寇里给她的感觉恰恰是她想要的感觉。这一点至关重要。寇里身上几乎体现了她列表上的一切特质，只有两项不符。一开始让瑞排斥的东西，是画框，而非内容。寇里身高不足6英尺，白皮肤。而在瑞的列表上，她理想中的男人身高很高，肤色是黑色。瑞很轻松地扔掉了这些外貌条件，接受了她吸引来的这个男人身上所有的优点。后来他们结了婚，一直在一起。

瑞的故事是个好例子，它证明了当你瞄准10分，而射中了9.5分时，你为什么仍然该为这个结果而雀跃。你应该瞄准

10分，但宇宙常常有更好的安排。所以，专注于你想要的东西，同时要对所有可能的结果保持开放姿态，接受它们的伟大之处。

释放ing

你现在已经知道，当你的想法是负面的，你的能量也会被降低。许多低层的能量淤积在你宝贵的身体中。我们的身体存有来自过往（没有解决的旧的经历）的很多内疚与悲伤。我就曾经将这种停滞的能量存在了下颌和声带处。无论是在比喻意义上，还是实际上，我都有“需要”说的东西。我感觉自己不被听见，这种未治愈的感觉阻碍了我发声。拒绝内心的声音不仅使我产生情绪障碍，而且还出现了声带小结（类似声带起茧）的健康状况。由于我的声带受损过于严重，医生建议我静养一个多月。另一个解决办法，则是相当危险的手术。这些显然不会是“进行时女孩”的选择。

我决心要找到更好的方法，于是向一位显化健康方面的导师露易丝·海求助。她的《生命的重建》一书拯救了数以千计的生命，也包括她自己的。露易丝借由释放恐惧、说出积极的肯定、练习创造性心像，治好了她的子宫颈癌。她知道自己在幼年遭到强暴和殴打后的愤怒未治愈，从而直接造成了她的癌症。有过这样一段经历，毫无意外地，她显化出了子宫颈癌。

露易丝是一位显化治疗的老师，她知道是宇宙给了她这样的条件，使她可以把自己的治疗方法用在自己身上，同时也与世人分享。她的信念体系是："只要逆转精神模式，疾病就可以被逆转。"她显化出癌症，是因为她仍然抱有旧的怨恨。有了这种清楚的认识，她就运用起自己的治疗方法来。她勇敢地原谅了过往的人和事，治好了情感上的疾患。通过肯定想法、创造性心像，和其他一些方法，她进而治愈了身体疾病。

既然露易丝可以将癌症的治愈显化，我知道我也可以将声带的治愈显化。我紧密地跟从她的做法。露易丝告诉我，我喉咙的状况，用她的话来说，是"无力为自己发声、吞咽下愤怒、窒息创造力、拒绝改变"而造成的结果。天啊，她说得没错！于是我每天"服药"——诵读她为喉部疾病所设计的肯定想法："发出声音没有关系。我自由而愉快地表达自我。我自在地为自己发声。我展现自己的创造力。我愿意改变。"通过"释放"过去对讲话的恐惧，重复她设计的肯定想法，我的声带开始好转。然后我把显化进行时等式和创造性心像结合起来，使它加速发挥作用，创造性心像这种冥想会促进右脑运转。我会想象白色的光流入我的声带。我吸入白光，然后看见它像水一样流过我的身体。随着每一次吸入，我看见自己的声带变得越来越健康。

慢慢地，声带小结消失了。我每天重复显化进行时等式，持续了30天。在当月月底，我去医生那里检查。他拍下了我声带处的照片，惊奇地告诉我，小结已经不见了。他震惊地问道："你做了什么？"我回答："依靠显化，让嗓音复原。"（声明：我并非建议你替换掉药物或其他任何治疗方法，但我真诚地建议你将显化加入治疗过程。）

知晓ing

在参加我的新年讲座"2009年是属于我的一年"之前，洛拉丢了工作。我那次讲座的重点是，在来年显化你的愿望。洛拉带着想要找到新工作的明确愿望，来参加我的讲座。她确切地知道自己在寻求什么，也能够带着自信说出来。实际上，她只做到了这些。当我问观众有没有问题时，洛拉的手迅速地举了起来。在一屋子八十多个陌生人面前，她勇敢地声称，在显化进行时等式中她唯一缺少的，是“知晓进行时”部分。我鼓励她将自己的愿望向宇宙释放。

我带领着这一群观众，共同想象洛拉找到了她想要的新工作。我们一群人为她的新工作，向宇宙传送出了强有力的信息，宇宙会接收这一信息。（注：集体祈祷非常有力量。集体思想的力量会创造出巨大的能量振动，使宇宙对其产生回应。）讲座结束后，我为洛拉布置了一些作业。我请她在睡前，用进行时写作的方式写一封信给宇宙。在信中她要向宇宙释放愿望，期待奇迹。她采纳了我的建议，回家写信。

第二天我收到了洛拉的一封电子邮件。主题栏写着，“期待奇迹！”，她向我讲述她的冥想，其兴奋之情在电脑屏幕上闪闪发光。那天早上，她接到通知，得到了一周前申请的一份工作。这可不是随随便便的一份工作。这正是她显化的那份工作！毫不夸张地说，洛拉真的激动万分。正是她的聚焦、投入，以及与人分享的信念，得到了宇宙的回应。她的能量与愿望相协调，最为重要的是，她期待奇迹。她的知晓完整了显化过程。

和宇宙共同创造

让这些显化的奇迹激励你，开始和宇宙一起共同创造吧。在指导你完成等式步骤之前，我想先为你做总体概述。显化进行时等式的第一步，是明确你的愿望。明确性相当重要，因为你要确定你召唤的是自己真正想要的东西。你的焦点不清晰，就会得到不清晰的结果。因此在反思进行时步骤，你要立下一个高度聚焦的愿望诉求，这将引导你明确愿望。这一诉求会变成显化进行时等式不可分割的一部分。然后你带着愿望诉求进入冥想。在冥想进行时步骤，我会请你想象出自己的愿望，以此引导你进一步聚焦。冥想进行时时间，你的头脑会变得安稳，你的能量会与宇宙的能量频率保持一致。

接下来的步骤是进行时写作。在进行时写作中，你通过书面的祈祷，被指引着将自己的愿望交托给宇宙。这一祈祷会成为帮助你进入知晓状态的途径。然后在行动进行时步骤，你要带着自己的愿望诉求去户外进行一项肢体活动。此举的目的，是与世界分享你的愿望。比如你可以带上自己的愿望诉求，去爬山，去树林里跑步，去大海里游泳。在户外带着愿望做进行时活动，让你的能量和意图与周遭的世界联结。这一步骤会帮助你融入愿望，将大地的能量注入你的显化进行时等式。

等式的最后一步是冷静进行时。冷静的重要性在于，为了获得你的愿望，你必须有耐心。就像《课程》里说的那样，“唯有无限的耐心才能产生直接的结果。”要是你相信，就会看见。所以，冷静下来，放轻松，得到它。

最后，在详细讲解显化进行时等式前，让我提醒你一些可能阻挡你发挥磁性能量的障碍。如果你做了所有的修行，却无意识地阻碍了宇宙的自然流动，我会为你深感惋惜的！第一个需要意识到的障碍是恐惧或怀疑。如果恐惧或怀疑出现，请重温知晓进行时等式，使你的能量和你所渴望的信仰相结合。另一件可能阻碍你的事，是嫉妒。要留心你出于嫉妒向别人投去的任何攻击。停止嫉妒别人，学会欣赏别人的样子，欣赏别人拥有的东西吧。显化的要素之一就是欣赏。通过欣赏好的东西，你会创造出更多机会将它们吸引进你的生命里。

最后，阻挡你显化愿望的一个主要的障碍，就是耐心。耐心在显化过程中至关重要。我见过很多人阻碍自己收获，是因为他们的小我失去了耐心，它告诉他们，他们永远也得不到自己想要的。我会在这个等式的最后一步，和你一起来进一步处理这个障碍。

为了享受显化过程，有一件事很必要，那就是你面对自己想要的东西，不能自觉谦卑。最重要的是，你必须允许自己“想要”，就是这样。你的小我一直教育你，使你相信生活艰难，你必须为了想要的东西拼命奋斗。一如既往，小我是错的。当你学会积极地和宇宙一起共同创造，你就能够在渴望与收获中享受乐趣。列出两三件想要的东西来进行显化。你可以选择显化任何渴望之物。你想要吸引灵魂伴侣、新工作，还是漂亮的新房子？列一张愿望清单。

显化进行时等式：30天显化你的愿望

步骤一：反思ing

聚焦，聚焦，再聚焦

在这一步，你要高度专注于你准备显化的东西。首先，确定你想要显化的那样东西。你最终是可以一次显化超过一件东西的，但如果你是初学者，让我们先聚焦于一个愿望。你显化的东西，可以是新工作、新感情、房子、健康等，有时候你也可能想要显化更好的社交生活。

决定显化内容的关键，是诚实面对自己想要它的原因。记住，如果你的愿望结合了负面能量，或者融合了“等我有了这样东西，我就会幸福了”的想法，你就需要重新调整自己的意图。如果你围绕愿望的感觉是负面的、急迫的，宇宙就难以回应这种振动。所以要选择让你“感觉”良好的东西。另外，注意不要选择过于遥不可及的东西。比如，莉萨想要赚更多钱。她确立了意图之后，首先对宇宙说，她想要现在的薪水变成3倍。这个愿望使她的小我兴奋起来。因为她没有好好“感受”愿望，她的小我发现了她内心害怕自己不能够得到这么多钱。所以，莉萨为了赚更多钱继续奋斗着，因为无论她如何“认为”自己想要，她还是不“觉得”自己能够得到这些钱。抱有宏大的想法固然很好，但要确定你的好想法没有触发恐惧。如果你的愿望在任何方面让你觉得不安，这就是个明确的信号，告诉你需要重新调整愿望了。

接下来要进一步聚焦你渴望的东西。举例来说，如果你想要一份新工作，列出这份工作给你的“感觉”，以及它必须有些什么条件。比如，“我要一个靠窗的办公桌，老板对我很好，有健康保险，我可以很安心地分享自己的创意和想法。”这张列表要很具体。记得吗，瑞的显化特征列表上有84项内容，她的野心可不小。面对自己的愿望不要谦卑，把它们列出来的时候要确定自己感觉适宜。

明确定义你的愿望

在你列表之后，写一份愿望诉求，明确定义你的愿望。比方说，洛拉的诉求是这样写的：“我想要一份旅游公关方面的新工作。我的薪水要加倍，有我喜欢的工作环境。我的工作对世界有益，因为我帮助人们更了解新的文化。”注意，她的诉求中写到了她的愿望如何符合上善。别忘了，如果你的愿望符合上善，宇宙就会感应到它。

然后，把你的愿望诉求在各处张贴起来。把它贴在冰箱上、镜子上、电脑上……要记得尽可能频繁地看它，重申你的愿望。到过我家洗手间的人都知道，在那里我狂热地张贴着我的愿望诉求。在两年多时间里，我家洗手间的两面镜子上都写着：“我是个出版作家。”结果怎么样？它起作用了！

与在乎的人一起分享

在接下来的30天里，你要重读并分享你的愿望诉求。晚上睡觉前，读一遍你的诉求。希望这些文字会激起你内心的感觉，向宇宙送去正面的感应。然后，每天和别人分享你的愿望，围绕它们创造出更多正面的能量。和你的力量团队在一起——那些喜欢你新的显化方法的朋友——和他们分享你的诉求。如果他们支持你，他们也会支持你的梦想。

视像ing

用一块愿景板来进一步聚焦你的愿望。愿景板是展现你所憧憬的画面的地方。你可以用软木板、帆布，或者磁性板来做愿景板。在上面贴图片、歌词、引文——任何你觉得符合你愿望的东西。比方说，如果你想要围绕吸引一个丈夫聚焦能量，可以贴婚戒、快乐的情侣、请帖之类的图片。要确定你贴的图片会激起你心里的幸福感。

我的愿景板上贴有我打算上的杂志图片，有剪下的奥普拉[1]的照片紧邻我的照片，有冲浪板的图片，还有订婚戒指的图片。我简直无法告诉你，我的愿景板上的画面有多少次成为了现实。每次我看着这些图片，都会重燃内心聚焦的能量，然后将信息送进以太。有一天我收到一封来自赫芬顿邮报[2]的电子邮件，邀请我在他们的网站上写博客。我回信说，“感谢您

1 奥普拉·温弗瑞（Oprah Winfrey），美国著名脱口秀节目主持人。

2 *Huffington Post*，美国著名博客网站。

的来信，我一直在等这封邮件。”赫芬顿邮报的图标已经在我的愿景板上贴了两年多了。像这样的事一直在发生！接下来的30天里，每天往你的愿景板上贴一张新的图片。

步骤二：接收ing

冥想ing

冥想会邀请宇宙进入显化进行时的过程。我设计了一套晨间冥想方法用以创造，还设计了一套晚间冥想方法用以感恩。通过赞美宇宙允许你成为共同创造者，你就提高了自己联结的能量，也因此增强了你吸引的力量。

晨间冥想

晨间冥想会让你一整天状态良好，在每天的一开始就使你和你的能量联结。在醒来的那一刻确定一下自己愿望的意图，那么你就在增强自己吸引的潜能，向宇宙发出有力的声明。你的那一天会过得更加顺利，不仅如此，你还会激活自己的愿望。你清晨所作的请求会在以太中被接收。接下来的30天里，快乐地做晨间冥想，来发动你的共同创造吧。以下是冥想方法：

当你醒来，在床上坐起。闭上双眼，用鼻子深吸一口气，用嘴呼气。

为又一个美丽的日子感谢宇宙。

使你的想法和愿望与内心指引的爱保持一致。

大声说出你的愿望诉求。

感谢宇宙护佑这个愿望，并指引你的视像。

在脑中保持你愿望的视像。清楚地看到它。

想象白色的光流进它。

你轻松地进入视像，看到白色的光持续流进你的愿望之物。

在这一视像中静坐至少5分钟时间。

完成后，再次感谢宇宙，请说“我将它交给宇宙，我知道我将被指引。”

晚间冥想

睡前冥想有助于带你进入一个平和的状态，确保你得到一个更宁静的夜晚。夜晚的显化冥想也是最理想的感谢宇宙的时机，感谢它在一天中的丰盛赐予。用这段时间来联结起对于你当下拥有的一切和即将到来的愿望所持有的感激、欣赏之情。

接下来的30天，在你躺下休息之前，静坐于床上，照着以下内容做冥想。

感谢你，宇宙，感谢你今天给予我的指引和爱。

感谢你接收我的愿望，并将它们显化为形式。

感谢你指引我用爱的观念思想，并使我的能量保持与视像一致。

我感谢这美好的一天，在我入睡时，我将我的愿望交托给你。

大声说出你的愿望，在头脑中想象它。

我知道这个愿望正在途中，我会迎接它以最好的形式到来。

它会是我想象的样子，或比这更好。

我会得到。

写作ing

在晨间冥想之后，用5分钟时间做进行时写作。通过自由的写作，再一次将你的愿望释放给宇宙。让自己诚实地写出任何失去耐心的感觉，或其他可能出现的负面感觉和想法。用这样的写作练习清理掉这一天的负面能量。这样你就可以确保你的吸引力量达到高峰，且积极地与上善联结。用进行时写作使头脑进入平和的状态，再次把愿望托付给宇宙。

通过冥想和进行时写作释放愿望，你就让自己进入了知晓进行时的状态，知道你想要的一切都在途中。你要坚持30天的释放修行，这很重要，这样做才可以保持能量的正向流动。

步骤三：反思ing+行动ing

走出家门，开始行动进行时。通过户外活动，你将自己的能量融入世界，与它共同创造你的愿望。选择一项能让你与世界真正联结的活动。去爬山，去公园跑步，去湖里或海里游泳。冲浪是“进行时女孩”的最爱。如果你有冲浪板，有条件去海边，还有一个冲过浪的“进行时”伙伴，去逐浪吧！（请确定你有一个会冲浪的、可以照顾你的朋友陪同。）

我在夏威夷的时候和冲浪教练比尔·汉密尔顿（传奇冲浪选手拉尔德·汉密尔顿的父亲）成了朋友。比尔对冲浪的热爱与他在海洋中所感受到磁性能量有很大关系。比尔说：“我一生都在海里冲浪，这让我变得像一块磁铁一样。我相信自己从海洋吸收了非常多的正面能量，因此不可避免地吸引来更多正面的人物和正面的经历。冲浪是一种磁化。”比尔的这一体会向我们解释了，带着世界的能量活动，会真正地激活你内在的磁性。它也会促进内啡肽分泌，让快乐的情绪流动。快乐的情绪等于正面的吸引。当你感觉自己的能量得到提升时，你会发现你的生活更丰富了，也因此会吸引好事发生。要记住，吸引的关键就是使你的能量与你的愿望保持协调，所以不要看轻这一步的重要性。如果你真的已经准备好去吸引一些好事，那就走出门去，行动起来。

步骤四：冷静ing

我的一位“进行时”导师，吸引力商店（The Attraction Boutique）的创始人布鲁克·埃默里，就是一位专业的显化者。布鲁克说：“有时人们会说，‘为什么还没有发生？’说这句话的时候，你就消灭了自己的创造。这称为妄造。”布鲁克说得很对！耐心是显化过程至关重要的成分。为了这一重要的原因，我在这一章的等式里加入了冷静进行时步骤。如果你做了所有的显化修行，却由于没有耐心而阻碍了自己的吸引结果，我会为你遗憾的。耐心是显化过程中最为重要的原则之一。

举例来说，杰西卡遵循显化进行时指导，表现出色。她已经让自己真正地知道，她想要男友的愿望正在实现的途中。然后她的朋友们也都参与了进来。看到朋友们个个进展顺利，杰西卡开始恐慌，把她的“进行时”扔出了窗外。她变得相当没有耐性，不知道什么时候、怎么样才可以遇到她的另一半。这种能量变成了阻挡吸引的巨大障碍。我为了使她镇静，介绍给她一种保持冷静的方法。我提醒她，宇宙就像是她最好的女性朋友一样。我问她会不会逼着哪个女性朋友去给她找个男朋友。她回答说：“不会。”我接着问她，她的女性朋友们是不是都希望她找到真爱，是不是真心地想要帮助她。她说：“她们当然想要帮我！她们都迫不及待地想让我遇上真爱。”

然后我继续解释说，宇宙和她最好的朋友没有两样，宇宙想让杰西卡遇到真爱，除了她的幸福，别无他求。我让她冷静下来，用更放松的态度重温显化进行时等式。我建议她和宇宙建立起联结，要像会互相支持对方愿望的最好的朋友那样。她喜欢这个方法，而这也真的帮助她冷静了下来。不要因为没有耐心，而阻挡了自己的吸引愿望。要知道你想要的一切都在途中，如果你没有得到想要的，那是因为宇宙为你做了更好的安排。

C H A P

一切恐惧均已过去，唯爱犹存。

你是否可以想象，没有操心、苦恼、忧虑，时时刻刻活在全然安详与宁静中，会是怎样的境界？

——《奇迹课程》

幸福的关键在于决定要幸福。

——玛丽安娜·威廉森《发现真爱》

E R

~ing,

缔造奇迹

TWELVE

13岁的时候，我曾经在陌生的观众面前表演过《安妮日记》里的一段独白。我不太记得表演的情形和之前的彩排了。我真正记得的，是在舞台上念完《安妮日记》里的话之后，自己产生的感觉。我当时有一种强烈的确定感，确定有一种比我现有的更美好的看待世界的方式。我觉得比起这“另一种”生活方式来，我少年时代的短剧表演显得有些可笑。然而，那段独白在某种程度上与我产生了共鸣，直到多年后我才真正明白这一点。

安妮·弗兰克的独白开始于她透过天窗快乐地仰望美丽的天空。她如此拼命地躲避纳粹迫害，不可思议的是，在这种情况下，她仍旧可以找到喜悦。虽身困阁楼，安妮还是找到了逃出去的方法。她对同伴彼得说，当她再也无法忍受禁闭时，她就会“设想”自己脱离了现状，想象自己在公园散步，在一个“山坡下种着水仙、番红花、紫罗兰”的公园里散步。安妮说，设想自己逃离的最美妙之处，就是你时刻都可以做这件事。安妮·弗兰克在恐怖的环境中找到了她的“进行时”。

她发现了人类可以利用的最有力的工具——思想的力量。通过与她的“进行时”联结，她得以随时选择爱，从世间的恐惧中得到解脱。安妮·弗兰克懂得《课程》里所说的“唯爱是真”。她每天都面临一个选择，是选择大屠杀的恐惧，还是选择“进行时”的爱。安妮选择了爱。

她投入爱里，找到了信仰。在她的独白末尾，说到她认为这个世界只是“正在经历一个阶段”。她提及自己信任人的善良，相信所有的恐怖都会过去。她说：“不管怎样，我仍然相信，人们的内心是善良而美好的。”她选择了爱而抛开了恐惧，在内心指引充满爱的声音里，她找到了希望。

撇开我的年纪和生活环境不谈，我感到自己和安妮·弗兰克有着相似的信仰。她的观点让我受到启发。我感到她的灵魂触动了我，轻柔地提醒我抛开无谓的想法，选择内心指引充满爱的声音。安妮·弗兰克在15岁时，就在内心知晓，选择幸福是最好的生存方式。即便受困于最可怖的环境中，她还是选择了透过爱而非恐惧来看待这个世界。

在我的一生中曾发生过很多事，安妮·弗兰克的启发在其中影响了我的小我。从青春期早期到25岁之间，我的小我的噩梦不断深入。在这段时期里，对所有事，所有人，我都感到迷失、隔绝、失控、愤怒、恐惧。我陷在对过往的恐惧中，又为恐惧未来而愁苦。我活在黑暗里，却持续有一种感觉纠缠着我，我感到一定有一种更好的生活方式。一种我过去曾知道的方式，而不知为何，我和它疏离了。我渴望找回那种更好的方式。

恰恰在我坠入谷底之前，我感觉自己被用力拉回安妮·弗兰克的文字面前。于是有一天，我开始重读她的日记。我读着这个小女孩写下的充满希望的一页又一页，她在最黑暗的时期，选择了活在光明里，我在字里行间找到了启发。其中有一段话尤其打动我："每个人的身上都珍藏着一条福音，那就是你无法想象，自己能成为多么伟大的人，能奉献出多少爱，能做出何种成就，自己到底有多大的潜能！"读到此处，我觉得她仿佛在直接对我说话。回忆往事，我明白她真的是对我说的。在当时，我的确强烈希望用不同的视角看待生活，而我也足够开放，带着开放的头脑，我被带到她的文字面前，汲取了灵感。

安妮·弗兰克选择通过内心指引的观点来看待她的世界，所以她才能够在躲避纳粹恐怖行动的同时，找到了光明和奇迹。安妮·弗兰克对内心指引的投入，也激发了我对幸福的追求，启发我改变自己的生活。她文字背后的爱的能量提醒着我，我在外部世界搜寻的爱与幸福，其实只存在于内心。

在这神圣的影响之下，我走上了正途，终于重新联结起我的“进行时”，致力于“进行时”修行。随着时间一天天过去，我为生活增添了更多“进行时”。日复一日，我越来越接近“幸福之梦”。（《课程》告诉我们，“幸福之梦”始于你的思想决定纠正小我的恐惧和痛苦，并超越它的幻想。）我意识到，我活着的每一刻都是一个崭新的机会，让自己将意志、将生活交托给“进行时”，允许自己被指引。

如今的每一天，我都愿意选择光明，远离黑暗。我逃离了小我的黑暗袭击，选择看到光明，为此我觉得感恩。每一天醒来，我都更加投入地透过“进行时”之光来看待生活。我不断请求，也不断接收。我永远不会背弃内心的指引。就像我亲爱的朋友安妮那样，我也坚定地投身于光明。

直至今日，安妮·弗兰克的文字持续激励着我。我写这本书的时候，就得到了这样的启发。在我快写到尾声的时候，我向“进行时”寻求指引。我问：“我如何在最后一章同读者作别？在最后一章我该如何鼓励他们要永远选择光明？”我听到了内心指引的回答：“让他们回忆起安妮·弗兰克。”我又一次想起安妮的信仰，泪水涌上了眼眶。那一刻我明白，再也没有更好的例子，可以用来指引你们走向光明。

所以，我想在最后一章留给你们的，就是安妮·弗兰克对人性与和平的信仰。要记起她在无尽的黑暗之中，有意识地选择看见光明。她决定选择内心指引充满爱的声音，让它带她逃离笼罩世界的黑暗。在她那本美好的日记里，处处都可以看到她做出选择的痕迹，比如这样的文字，“我不去想所有的苦难，而是想尚存的美好……”安妮·弗兰克坚定地选择幸福，这使她活在“幸福之梦”里，而非黑暗之中，幸福之梦也成了她的现实。让我最受启发的，就是她如何在恐怖的黑暗里“选择”看见光明。

这就是现在我对你的期望。选择看见光明，离开小我的黑暗。无论你的生活环境如何，总会有一种充满爱的观点向你开放。你随时都可以做出决定，“选择”看见光明，抛弃黑暗。一开始你可以慢慢来。明天早晨醒来，决定要快乐整整24个小时。在一天中，“选择”从爱的角度看待每一件事，无论它乍看之下多么难以处理。每当有人做了什么使你难过的事，“选择”原谅他们。有恐惧的念头出现时，把它交给“进行时”，使它重新转化为爱。放开未来的结果，专注于此刻的爱。然后第二天醒来，再重复这样的一整天。日复一日，增添你的“进行时”。

不断增添“进行时”之后，你就会知道自己正被指引着，知道宇宙正护佑着你。每一次转变想法后，你就会期待奇迹出现。而更好的是，你还会激励身边的人，因为你的能量以正向的频率振动着。好的事情会自然而然地涌向你，你会变得幸福。

这听起来很好，对吧？我还要告诉你一个会让你振奋的消息，那就是，我亲爱的朋友，你已经知道该如何联结起自己的“进行时”了，而且你也知道每时每刻该做些什么，能让自己处于充满快乐的状态。你选择“进行时”而抛弃小我的每一刻，都会带你接近光明，进入更快乐的心境。投入每一个进行时等式的同时，你用内心指引的光窒息了小我的黑暗。你和我一同走在将黑暗带向光明的旅途上。不要止步！等你合上这本书，把它放到一边以后，请你继续“进行时”修行，让自己可以一直活在内心指引的光芒下。

这一章的目标，是让你调整自己，使你可以在时时刻刻都选择“进行时”，战胜小我。由此，你会被带向“幸福之梦”。在上文安妮·弗兰克的故事里，我已经描述过这样一种心境了。在“幸福之梦”中，你活得幸福，不管生活环境多么艰难，你都选择透过爱的双眼体会生命。当你选择了这样的生活方式，你就不再愿意妄自菲薄。你就已做好准备拥有自己的力量，拥有自己的幸福，活在光明之中。

缔造奇迹

《课程》中写道，“你心里的黑暗已被带向光明。”选择了光明的幸福，你就选择了成为一个奇迹缔造者。通过时刻转变你的观念，你就在自己的生活里，也在别人的生活里创造出奇迹来。无论你是否自知，你能量的转变已经在改变着周遭的世界。你的朋友们可能会注意到你的改变，也因此决定审视他们自身的“进行时”。也可能你原谅了某个人，你们之间的爱就比以前多了很多。所有这些奇迹都正面地影响着你，影响着你周围的人，影响着这个世界。继续创造奇迹吧。这样，你就会和我一起活在“幸福之梦”中。

你可能会想：“这听上去是很不错，但也只是由她说起来容易。她就是为了这些开心的事情而活的。”这只是你的小我在说话。你的小我会试图阻止你成为奇迹缔造者，竭力阻挡你通往幸福生活的道路。小我会说这样的话：“你有什么资格幸福？你不能这样生活！你不能只活在快乐的心态中。”

不要听它的。现在你已经知道，你一转向光明，这种小我对抗就会随时出现。既然你已经识破了小我的一堆伎俩，你就有两个选择：选择“进行时”之光，或者选择小我的黑暗。你在生活艰难、跌到谷底之时选择“进行时”是一回事，而要始终选择它就完全是另外一回事了。如果你想要光明，问自己下面的问题：“你愿意改变生活，时刻都选择‘进行时’，来战胜小我吗？你愿意在必要的时候原谅你身边的所有事、所有人吗？你愿意幸福吗？”如果你的回答是肯定的，那么你就已做好准备，要为生活增添更多的“进行时”了。

选择“幸福之梦”

你完全可以增添足够的“进行时”，让自己活在“幸福之梦”中。只要你愿意做出这样的选择。做出选择，抛开小我，不再妄自菲薄。谦逊地取笑一下小我愚蠢的话。为释放你惧怕的思想而请求帮助。通过和你的“进行时”交流，你可以在一瞬间抛开小我。这就是《课程》所说的“神圣时刻”。每个进行时等式都在带你走向“神圣时刻”。这样的时刻并不难到达。它们是你愿意将小我交给“进行时”进行改造的时刻。然后，你就会立刻有一种宽慰感，感到与自己真正的爱的本质结合。把你生活中的每一件事都交给“进行时”。对“进行时”思想的投入，并不表示你再也不会有惧怕的念头。而是通过选择爱，你会用不同的方式去经历恐惧。

增添“进行时”

《课程》教导说：“未受训的头脑将一事无成。”既然你的口袋里已经装着“进行时”的工具，不要抗拒它们。联结起你的“进行时”，帮助自己重新训练头脑。将头脑重新训练得越好，你就越接近“幸福之梦”。第一步是意愿进行时。你的意愿会指引整个过程，会使你放开手脚。接着用反思进行时步骤来学习怎样选择“神圣时刻”。选择了“神圣时刻”，你就会让“进行时”发挥作用。然后，用行动进行时结合新的肯定想法：“我愿意把我所有的恐惧交托给内心的指引。”你可以带着这个肯定想法做任何形式的活动。带着它“进行时”起来。然后我将指导你做冥想，在冥想中，你可以进一步将自己的想法和内心的指引联结起来。你可以在冥想时把任何问题带给“进行时”治疗。你必须要有的，是信心和沉静。让你的“进行时”带领你完成具有转化作用的冥想。最后用进行时写作写下你的奇迹。记录下你所做的修行，以及你创造出的神奇的转变。把记录的内容放进文件夹里，以备随时查看，吸取灵感。

增添“进行时”等式

步骤一：意愿ing

要愿意透过安妮的眼光看世界，要像她说的那样做：“我觉得，总还有些美好的东西留下来——大自然、阳光、自由和你内心中的某些东西，这些东西会帮助你。看着这些，你就能找回自我和上帝，那样你就能重新取得平衡。”在你开始使用增添“进行时”等式的方法之前，我鼓励你向宇宙表明决心。只要大声地说，“我愿意将我所有的恐惧交托给内心的指引。”从一开始就表明决心，你会迅猛地进入“进行时”的修行。牢牢把握，期待奇迹。

步骤二：反思ing——选择“神圣时刻”

原谅

从原谅小我的想法开始反思进行时步骤。在这一步，你的“进行时”会聆听你，指引你对小我消除偏见，抱有耐心，保持温和。把小我看成一只生病的小狗脱开了狗链，你要保持冷静，对它的恶作剧一笑置之。经历“神圣时刻”的关键是，意识到小我的力量。

拿起电话，打给内心指引

对小我开始恐惧过去和未来的时刻要保持警惕。你不能屈服于恐惧，你可以调整自我，识破小我的攻击。当你感到自己的“进行时”受到任何威胁时，立即停止当下的想法，拿起手机，给你的内心指引拨个电话。你要真的拿起电话。当你在办公室、在街上，或任何公共场所时，这是一个很有帮助的动作。提起电话，假装拨号，请你的内心指引把当下的恐惧替换成平和的想法。大声地说出：“我选择原谅，用爱看待这件事。内心指引，请转变我的想法和观点。”

信任

对你的内心指引抱有信心，是创造“神圣时刻”的关键。如果你发现小我想要在路上绊倒你，这时要用《课程》里的话来帮助你。只要大声地说：“信任会解决当下的每一个问题。”让《课程》里的这条训诫轻轻地提醒你，要完全信任你的“进行时”，要知道它永远都会是你的指引。

步骤三：反思ing+行动ing

去跳舞，去攀岩，去跳蹦床，去骑独轮车，去爬山，去游泳，去散步，去跑步，去荡高空秋千，去溜冰，任何活动都可以，行动起来！别忘了从现在开始，带上你“进行时”的肯定想法去活动。带上“我愿意将所有的恐惧交托给内心指引”的肯定想法，开启走向“幸福之梦”的旅程。通过每一种活动来迎接奇迹，并乐在其中！

步骤四：接收ing

冥想ing

创造“神圣时刻”的至关重要的一步，是通过冥想把小我带给内心指引进行治疗。当你决定透过“进行时”的眼光来看待问题时，静坐冥想，让你的内心指引开始发挥作用。冥想时你把小我交给“进行时”，请求它的帮助，“神圣时刻”会在这样的冥想中被创造出来。只要放轻松，让你的想法接受转换。如果你需要一个焦点，只需默诵你的口诀：“我愿意将所有的恐惧交托给内心指引。”不断重复这条口诀，直至你感受到转变。

写作ing

冥想之后，用进行时写作写下这段体验。记录下你的想法如何发生转变，你的思想如何得以缓和。写出或大或小所有的转变。要记住《课程》教我们的："奇迹没有大小之分。"每一个转变都是奇迹，把它们全部记录下来。

在最后，用15分钟时间做进行时写作，思考你迄今在"进行时"旅途中累积的所有奇迹。为你所做的神奇的改变而自豪吧。你勇敢地跨越了旧生活通往"幸福之梦"的桥梁，要爱这样的自己。

我亲爱的朋友，现在我必须要和你告别了。感谢你和我一起开启这段旅程。我鼓励你继续"进行时"之旅，直到永远。要知道你随时都可以请求奇迹发生，选择用爱的眼光看待你的世界。对于你对内心指引的投入，我表示敬意。我想用爱包围你，最后仍旧以《课程》里的一条训诫来与你作别："如果赋有一只鹰的强大力量，谁会想要用麻雀的微小翅膀飞翔？"

分享光明。期待奇迹。听从你内心指引的声音。

——开始进行时

图书在版编目（CIP）数据

不纠结过去，不忧心未来 / (美) 伯恩斯坦 (Bernstein,G.) 著；冯倩珠译 .
-- 北京：同心出版社，2013.10
ISBN 978-7-5477-0380-9

Ⅰ.①不… Ⅱ.①伯… ②冯… Ⅲ.①成功心理—通俗读物 Ⅳ.① B848.4-49

中国版本图书馆 CIP 数据核字 (2013) 第 221517 号

版权登记号：01-2012-9197

不纠结过去，不忧心未来

出　　版：同心出版社
地　　址：北京市东城区东单三条 8-16 号东方广场东配楼四层
邮　　编：100005
发　　行：（010）65255876
总 编 室：（010）65252135-8043
网　　址：http://www.beijingtongxin.com
印　　刷：东莞市信誉印刷有限公司
经　　销：各地新华书店
版　　次：2013 年 10 月第 1 版
　　　　　2013 年 10 月第 1 次印刷
开　　本：787 毫米 × 1092 毫米　1/32
印　　张：9
字　　数：140 千字
定　　价：32.80 元